就是爱吃肉

杨桃美食编辑部 主编

江苏凤凰科学技术出版社 凤凰含章

导读

Introduction

400多道肉类料理天天都有新变化

除非有特别的饮食习惯，
否则在一般家中的餐桌上，
大多有一两道肉类料理。
面对吃惯了的鸡、猪、牛、羊、鸭肉，
究竟还能有些什么变化呢?

其实只要运用不同的烹调方式，
炒、炸、卤、煮、拌、淋、蒸、烤，
再搭配上丰富多变的季节食材，
在家也可以吃到和饭馆里一样的美味料理。

书中介绍兼具经典、家常和创意的400多道肉类料理，
让你天天都可以享用不同的新菜色。
想吃哪一道菜，
翻开本书就立即知道。

注：全书1大匙（固体）≈15克
1小匙（固体）≈5克
1茶匙（固体）≈ 5 克
1杯（固体）≈227克
1茶匙（液体）≈ 5 毫升
1大匙（液体）≈15毫升
1小匙（液体）≈5毫升
1杯（液体）≈240毫升

目录 CONTENTS

鸡肉类料理篇

猪肉类料理篇

牛肉类料理篇

羊肉类料理篇

鸭肉类料理篇

烹调技巧大公开

炒炸

＊热炒肉类先处理

为了让起锅后的肉类口感更美味，可先用淀粉或蛋清将其腌渍，先过油后再炒，这样肉类吃起来会更滑嫩入口。

＊了解炒菜程序

热炒时可以先将葱、姜、蒜等辛香料下锅爆香，产生香气后，再放主要食材，通常肉类切好后会先腌，而后过油至七分熟，再入锅快炒。

卤煮

＊关火用余温泡熟

鸡肉要煮得不老不柴有诀窍。在煮的过程中一定要把鸡放入冷水中煮至滚，煮15分钟后再盖上锅盖，关火闷30分钟，用余温闷熟，鸡肉才会软嫩有口感。

＊泡水后口感佳

肉类汆烫后要立刻泡水，因为肉质加热后会扩张，但立刻泡入冷水中，就可收缩肉质、让肉紧实，吃起来才会有劲。

拌淋

＊食材切薄好入味

由于凉拌料理的食材，烹调时间短，先将凉拌肉类与食材切薄片或切丝，更便于汆烫，将调味的辛香料如大蒜、姜、红辣椒等也切成末或片，都可以帮助食材充分吸收调味汁。

＊先烫再切

如果是冷水就放入煮的食材，如猪蹄、黑白切等，要先煮熟捞起放凉后再切片，如果热热的马上切，其形状会被破坏。

蒸烤

＊先腌再蒸最入味

“腌”几乎是所有肉类料理中最重要的步骤，蒸法当然也不例外。尤其当肉类均匀裹上调味腌料，在蒸的时候，酱汁会随着水蒸气一同蒸入肉内，让肉质软嫩且入味。

＊竹制蒸笼风味最优

一般家庭多用铁制蒸笼，下层放水、上层放料理，方便又好用。要更省事的话，甚至放入电锅内蒸也可以。不过若想有更好的风味，就得用竹制蒸笼；其好处是能吸收水蒸气而不滴漏，也不会破坏料理的原味，并独具“竹”的自然香气。

肉条、肉浆、肉碎、肉酱这样做

食谱示范：李德强

肉条

调好味道的肉条，不管是拿来快炒或煮粥都很适合，可作为家中的必备储备食材，让你不论何时都能吃到不同风味的菜色！

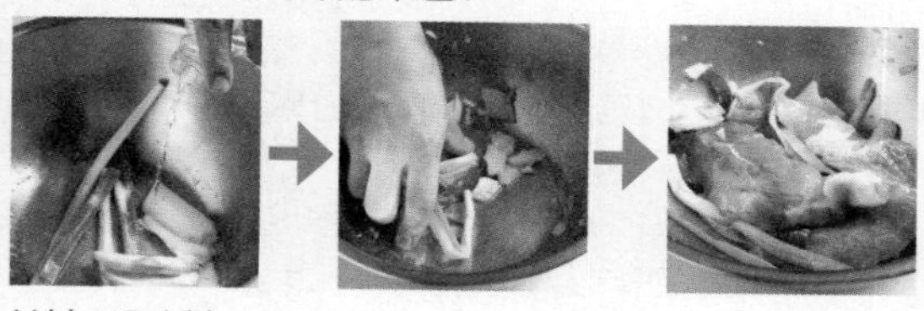

材料 / 调味料

肉块500克、姜片50克、葱段1根、米酒3大匙、盐1大匙

做法

1. 肉块切成3厘米长的厚条备用。
2. 将姜片、葱段、米酒、盐用手抓匀后，加入肉条拌匀，腌1小时备用。
3. 将腌好的肉条放入电锅中，蒸熟放凉即可。

处理小诀窍

诀窍1. 肉质的挑选

制作肉条的猪肉不管是瘦肉、五花肉、前腿肉、后腿肉都可以，依照个人喜好来挑选即可。

诀窍2. 保存&解冻方法

处理好的熟肉条可用冷藏或冷冻方式保存；冷藏可放1个星期、冷冻可放3个月。若要冷冻，最好将每一条肉分开包好，等到要用时前一晚先放在冰箱冷藏室，隔天自然解冻，或用微波炉解冻，就可以直接料理。

肉浆

肉浆常被用来做肉丸、肉羹，是非常好用的简易加工食材，且可以用各种不同的容器装盛，相当方便保存！

材料 / 调味料

瘦肉400克、猪背肥肉100克、淀粉1茶匙、盐1/2茶匙、糖1/4茶匙、胡椒粉1/4茶匙、香油少许

做法

1. 将冰过的瘦肉及猪背肥肉切小块，然后放入食物调理机中，搅打2分钟直到呈胶泥状后取出。
2. 将盐加入半成品的肉浆中，用力摔打20次后，再加入其余调味料搅拌均匀，用小袋分装放入冰箱冷冻保存。

处理小诀窍

诀窍1. 肉类的搭配

要做出好吃的肉浆必须用瘦肉加肥肉，推荐以4：1（瘦肉：肥肉）的比例搭配最好，也可视个人的喜好增减。

诀窍2. 保存&解冻方法

保存时，可将每次食用的分量，一份一份放入塑料袋压扁后，再放到冷冻库，1个月内要吃完。要吃的时候可事先拿出来自然解冻，或用微波炉解冻，就可以使用了。

肉碎

只要把肉泥炒一炒就完成，加在菜色中立刻成为好吃又下饭的佳肴，当然也被列为必学的肉类前制食材！

材料 / 调味料

肉泥500克、色拉油1大匙、酱油30毫升、绍兴酒1大匙、糖1/2小匙、淀粉2大匙

做法

1. 将肉泥和所有调味料混合拌匀，腌15分钟备用。
2. 热锅，倒入色拉油烧热，放入腌好的肉泥，以大火快炒至熟，且无水分即可。

处理小诀窍

诀窍1. 肉质的挑选

肉碎是用肉泥做成，最好挑选前腿肉；后腿肉太瘦，做成肉泥会太涩不好吃。

诀窍2. 一定要腌

肉碎一定要先腌过再炒，做出来的味道才会香。

诀窍3. 保存&解冻方法

可用冷藏或冷冻方式保存；冷藏可放1个星期、冷冻可放3个月。若要冷冻，请按每次要食用的分量分开包好，等到要用时前一晚先放在冰箱冷藏室，隔天自然解冻，或用微波炉解冻，就可以直接料理。

肉酱

肉酱可用来拌面、拌菜，还可以入菜，与肉浆一样容易装盛保存，方便又好用。自己动手做，安心又有保障！

材料 / 调味料

肉泥500克、水1000毫升、红葱酥50克、色拉油1大匙、酱油50毫升、米酒30毫升、糖1大匙

做法

1. 热锅，倒入色拉油烧热，先放入肉泥以中火炒至肉变白。
2. 将水、红葱酥及所有调味料放入锅中后，转小火慢慢炖煮，直至汤汁略收干与肉酱一样多即可。

处理小诀窍

诀窍1. 肉质的挑选

制作肉酱是用肉泥，最好选用前腿肉，做出来不会太瘦，也不会太肥，口感最适中。

诀窍2. 香气要够

肉酱做起来很简单，关键是要用红葱酥炒香，再用小火慢慢煮约1个小时。

诀窍3. 保存&解冻方法

保存时，可将每次食用的分量，一份一份放入塑料袋压扁后，再放到冷冻库，1个月内要吃完。要吃的时候可事先拿出来自然解冻，或用微波炉解冻后，就可以使用了。

肉类料理七大关键

关键一
去腥前处理

肉一直冲水，可去腥膻，也会让口感更好。另外，氽烫还可以去除肉类多余的脂肪、血水与腥味，氽烫时通常可以在锅中放入葱段、姜片或米酒，去腥效果更佳。但注意氽烫的时间不要太久，因为之后还有其他的料理加热手续，这样才不会让食材过老，丧失了本身的滋味与口感。

关键二
油炸后口感好

食材油炸前，一定要擦去多余的水分，若有外裹粉，入锅前也要轻轻抖掉多余的裹粉。此外，油炸时也需依食物的特性调节油温，油温过低食物易成糊泥状；若油温过高，食物的外层会呈焦黑状，内部则尚未熟透。而且食材下锅时，油温会降低10~15℃，若是油锅中一次放入过多的食材会使油温急速下降，所以最好分批放入，再让同一批食材同时起锅，这样才能控制成品的油炸程度。但如果是裹了面衣的油炸品，则需要分别放入油锅中，以免粘在一起。另外，为确保固定的油温，锅中的炸物以不要超过油表面积的1/3为佳。

关键三
肉类先腌过

腌料中除了调味料之外，还可以胡萝卜、芹菜、香菜、洋葱、红葱头、红辣椒等辛香料，加水打汁再加入腌料中，将肉腌过后可保持肉的鲜嫩。此外，有些腌料中会加入淀粉，可以锁住肉汁，这样热炒时就不会变干涩。肉类也可先切块或片，这样腌渍时更容易入味，也能节省烹调时间。

蔬菜汁做法：红辣椒1个、姜50克、芹菜30克、洋葱80克、胡萝卜30克、蒜头80克、香菜20克、红葱头50克和水1000毫升，一起放入果汁机中打成汁，沥去残渣即为蔬菜汁。

关键四

大火快炒

餐厅、快餐店炒出的一盘盘美味料理，就是比家里炒的好吃，其实精髓就在于“锅要热、火要大”。锅要热，才能迅速让食材表面变熟，如此一来在翻炒的过程中，食材就不易粘锅，也就不会因为沾粘而破碎四散。炉火够大，才能让食物尽快熟透，快炒不像烧煮是花时间煮入味，越是快速炒熟越能保持食材的新鲜与口感，尤其是海鲜与叶菜。而在家里炉火不可能像饭店的炉火力那么强大，所以就只能靠技巧来补足，例如一次不能放入太多食材，以免无法均匀受热，进而加长爆炒的时间；此外将食材切小、切薄都能加快炒熟的速度，这样炒出来的菜口感就跟饭店一样！

关键五

制作鸡高汤

〔材料〕

汤锅1个（6公升）、鸡骨2付（约300克）、洋葱1颗（约200克）、姜3片、胡萝卜1根（约200克）、水4500毫升

〔做法〕

1. 鸡骨汆烫洗净，洋葱、胡萝卜洗净切块备用。
2. 取汤锅，放入做法1的所有材料和姜片，倒入水。
3. 开火，将汤锅中的水煮滚后，改转小火续煮1小时，过滤后即是鸡高汤。

备注：

用瓦斯炉煮高汤是家中最常见的方式。但记得煮的时候千万不能盖上盖子，要用小火慢慢熬煮锅中的高汤，让汤汁一直保持在小滚的状态，若加盖熬煮，汤汁容易混浊不清澈。

关键六

料理要收汁

如红烧肉类或快炒类的菜肴，最忌讳的就是煮出或炒出的菜肴中，加入太多汤汁或锅中留下过多汤汁，所以记得料理时要尽量将锅中的汤汁收干，这样才能做出好吃又入味的菜肴。

关键七

细火慢煮

较大块的肉类，如煮汤、红烧或清炖，都可以用小火慢炖，这样煮出来的菜肴才会美味可口。先用大火煮滚后，可以盖上盖子转小火再继续慢慢卤煮，长时间卤制是为了让肉更入味，因此绝对不要心急用大火，不然长时间卤下来，食材的水分都流失光了，肉质吃起来当然又老又涩，只要保持微滚的状态，并以小火卤煮即可。

鸡肉类料理篇

炒炸卤煮拌淋蒸烤

谁说鸡肉料理一成不变，
在家也可以运用简单不费力的方式，
完成上百道色香味兼具的鸡肉美味，
无论是家中常见的鸡肉料理，
还是餐厅菜单上的人气菜色，
都一一收录在本书中。

买鸡四大绝招

选购一只好鸡，必须拥有识“鸡”的好眼光，这样你的鸡肉料理就先成功一半了，但是该如何精挑细选才能买到好货呢？以下买鸡四大绝招你可得要好好学习一番！

一 认明电宰鸡肉标志

想要吃到安全又美味的鸡肉，一定要认明优良肉品的标志，除了鸡肉屠宰处理的过程现代化之外，电宰鸡肉也充分反应了产地价格，没有中间暴利的问题存在，并且会明显标示出制造日期及有效日期，使得消费者买得放心、吃得也安心。

二 选择信誉可靠的店家采买

一般传统市场上都有贩售活鸡的小摊，因此选择一家信誉良好、品质服务有保证的店购买活鸡，对自己才有保障。初次上市场采买时，不妨问问街坊邻居的意见，作为采买的参考也不错喔！另外，若是不喜欢传统市场上油腻嘈杂的环境，上超级市场或量贩店等采购鸡肉也是一种方法。

三 睁大眼睛瞧鸡肉

新鲜的鸡肉颜色应该粉嫩、粉红，而且肉质具有弹性，如果鸡的骨头呈现出黑色，那就表示鸡肉是经过重复的冷冻再解冻，才会致使肉质变质了。正常的软骨颜色应该是白净而且中间透着粉嫩，这才是新鲜的鸡肉颜色喔！

四 鼻子闻一闻

或许我们没有像狗一样灵敏的嗅觉，但是鸡肉腐坏的味道你一定要嗅得出来。靠近鸡肉闻一闻，如果有异味传出来，那就表示鸡肉中的细菌已经在繁殖了。如果鸡肉表面的黏液过多，更加不可以采买！

鸡肉处理的五大技巧

一 全鸡分切法

买回一整只鸡却不知道该如何将鸡分解？这其实是一件很简单的事，首先将鸡头和鸡爪剁下来，再朝着全鸡的一半部位切开，然后剁下鸡翅和鸡腿，其余的鸡肉就把它剁成块状，并开始料理了。

二 鸡腿去骨法

虽然我们常常都是使用一整只鸡腿来做料理，但是有时也需要将鸡腿里的骨头去掉来使用。所以如果想将鸡腿里的骨头剔除，可以先剁除胸骨的部分，再顺延着骨边内侧、外侧划开后，就会看见整个腿骨，这时候再将腿骨的底端敲断，就可以轻轻松松地拿出鸡腿里的骨头了。

三 鸡肉分切法

鸡肉的肉质细致，所以在切割鸡肉的时候，必须顺着纹路来切，这样鸡肉一经加热烹调料理后，不论是肉条或肉丝都不会呈现出卷缩状而影响口感。

四 鸡胸去骨法

先将买来的带骨鸡胸肉用刀切出需要的分量后，再将鸡胸里头的骨头划开取出即可。如果你想要吃得更细腻细致一些的话，也可以去除带筋影响口感的部位！

五 鸡翅去骨法

通常将鸡翅去掉骨头，是为了填塞馅料在里头。所以首先必须将鸡翅底部的鸡肉用刀子切割开来，再将鸡皮往外并向后翻转，这时候就会看见一小节骨头，用刀将它剁下来取出即可。

鸡肉保存注意事项

鸡肉与内脏要分开包装保存

由于鸡肉内脏在保存时容易产生血水，为了避免相互感染，生的鸡肉在包装冷藏的时候，一定要记得与内脏分开。

鸡肉的包装

将鸡肉放入冰箱保存之前，一定要先将鸡肉用不透气或水分的蜡纸、锡箔纸或塑料袋包裹好，这样就可以防止鸡肉在冷藏室中散失了水分，而导致鸡肉变得过于干燥影响了烹调后的口感。

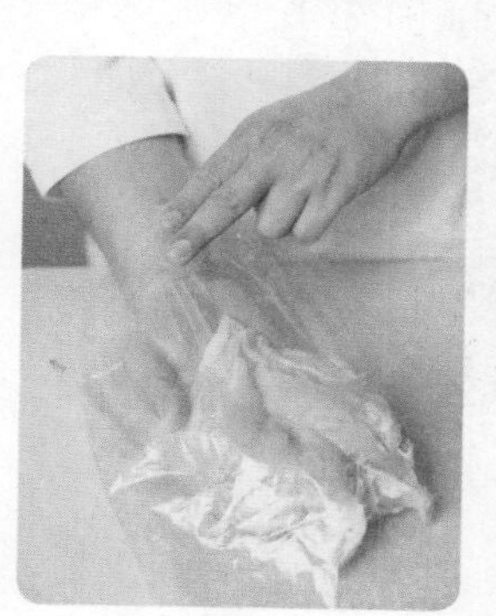

鸡肉一定要放入冰箱冷藏

通常在不需要料理鸡肉的时候，我们都要将鸡肉存放在冰箱的冷藏室中，而最理想的保存温度是2~4℃，可以的话，最好把鸡肉放在冷藏室中最冷的位置上。

解冻后的鸡肉一定要迅速料理完成

为确保食用安全，解冻后的鸡肉切记要迅速料理烹调完毕，以避免鸡肉腐坏。

吃剩的鸡肉也要好好保存

一顿餐饮下来，总免不了有些吃剩的鸡肉，在存放这些吃剩的鸡肉时，最好将肉和肉汁或配料分开来包装后，再放入冰箱冷藏，而且尽快在1~2天内吃完；如果你想放得更久些，可以在分开包装后，放入冷冻库中保存。

烹煮料理完毕的鸡肉处理

一般而言，烹煮好的鸡肉料理最好不要放在室温中超过2个小时，之后一定要放进冰箱中冷藏，否则到嘴的鸡肉会全部变味了！

揭开好吃鸡肉的神秘面纱

温度是关键

一般而言，烹调全鸡或各部位带骨的鸡块时，最好用80℃左右的温度，如果是去骨的鸡肉块只要70℃就可以了。

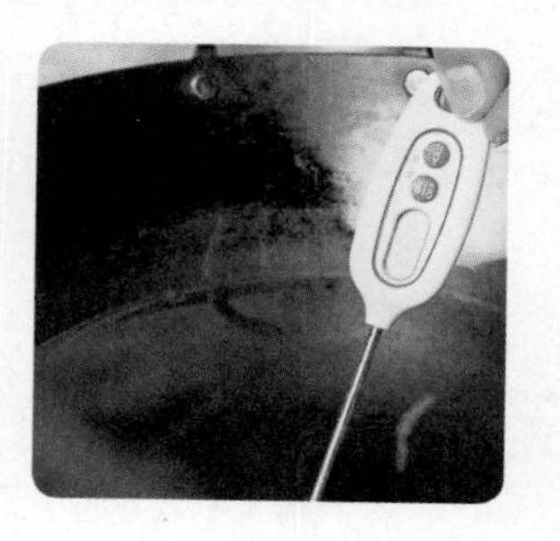

热量降低，健康加分

通常鸡肉的脂肪都包含在鸡皮中，因此不论是在烹调之前或之后，如果能将鸡皮去掉，便可以大大降低鸡肉的热量。所以，害怕长胖的人不妨在烹调前，先将鸡肉上所有可见脂肪的部位都切除掉，这样烹调出来的鸡肉不会很油腻。

选择适合的调味料，留住鸡肉的天然风味

不论是将鸡肉煎、煮、炒、炸或者炖，为了加强鸡肉的风味，免不了会增添一些调味料来提升料理的味道。在烹调鸡肉的时候，最好使用较自然的食材作为调味料，如葱、姜、香菇、胡椒粉等。

鸡肉部位&品种 烹调大不同

❶ 鸡爪

鸡的爪子部位，含有丰富的胶质，常被用来做卤味料理。

❷ 鸡头

顾名思义就是鸡的头部，一般都会将鸡头用来熬煮成鸡高汤或将颈部去皮做成卤味。

肉鸡

最佳烹调方式：醉鸡、油炸、烧烤、热炒

肉鸡养在拥挤的养殖场内，没有足够的活动空间，且养殖期只有6周，所以鸡肉水分含量较高、蛋白质含量少。因为肉鸡缺乏运动，所以肌肉组织松散，用来炖煮，肉质软烂无口感，且因脂肪含量多，在炖煮后油脂会过多，外观和风味上都不优。但肉鸡肉质细嫩，适合油炸、热炒和烧烤料理方式，可通过烹调手法将水分和油脂减少。

仿土鸡

最佳烹调方式：白斩、熏烤、酥炸等皆宜

仿土鸡的口感介于肉鸡和土鸡之间，其放养空间比肉鸡大，但没有放山饲养。仿土鸡的尖喙会被剪平，避免鸡之间互相啄伤。仿土鸡口感结实，纤维细致、肉质鲜甜，不论炖煮、白斩或熏烤等都适合。

土鸡

最佳烹调方式：炖煮汤品

土鸡饲养期间较长，为16~24周，放养于山间，肉质结实，风味鲜甜、久炖不烂，且土鸡脂肪含量低，无肉腥味，炖煮烹调可熬煮出鸡的精华。

乌鸡

最佳烹调方式：炖煮进补汤品

乌鸡有白毛、黑毛和斑毛乌鸡，市面常见白毛乌鸡为大宗，除鸡毛是白羽外，鸡冠、鸡皮、鸡骨、鸡肉和内脏都是黑色，这是因为其体内有称为美拉宁的黑色素所导致。乌鸡富含丰富的蛋清质与多种营养素，加上中药材的药理作用，做成药膳或补品效果极佳。

3 全鸡腿

是鸡的大腿上方包含连接身躯的鸡腿排部分，肉质细致、鲜嫩多汁，适合各种料理法。在西式炸鸡的做法中，通常将腿与鸡腿排部分切开，分别油炸，较少看见整只下锅油炸。

4 鸡胸肉

鸡胸肉被认为是纯正的白肉，它的脂肪含量不但低且富有优良的蛋清质。鸡胸肉的肌肉纤维较长，口感较涩，油炸时不宜炸太久，以免过柴过硬。

5 棒棒腿

只有鸡的腿部，因为是运动较多的部分，肉质与鸡腿排比较有嚼劲。食用方便又美味，适合做成各式料理，做成炸鸡也相当美味。

6 鸡柳条

鸡柳条是指鸡胸肉中间较嫩的一块组织，由于分量较少，所以比起鸡胸肉较为珍贵。其口感鲜嫩多汁。

7 鸡翅腿

其实就是连接鸡翅与身躯的臂膀部分，也是属于运动量大的部分，但是鸡翅腿的肉较少，且与骨头连接紧密不易分离。

8 鸡翅

市售有二节翅与三节翅，差别在于有没有带鸡翅腿的部分。鸡翅肉质虽然少，但是皮富含胶质油脂又少，多吃可以让皮肤更有弹性。

01 三杯鸡

* 材料 *

土鸡……………1/4只
老姜………… 100克
蒜头……………40克
罗勒……………50克
红辣椒………… 半个

* 腌料 *

盐……………1/4茶匙
酱油………… 1茶匙
糖……………1/2茶匙
淀粉………… 1茶匙

* 调味料 *

胡香油……… 2大匙
米酒………… 5大匙
酱油膏……… 3大匙
糖……………1.5大匙
鸡精…………1/4茶匙

* 做法 *

1 老姜洗净去皮、切成0.3厘米厚的片状；蒜头去皮、切去两头；罗勒挑去老梗、洗净；红辣椒洗净对剖、切段；土鸡肉剁小块、洗净沥干，加入腌料拌匀，备用。
2 热锅，加入1/2碗色拉油，放入姜片及蒜头分别炸至金黄后盛出，备用。
3 同做法2原锅，以中火将鸡肉煎至两面金黄后盛出沥油，备用。
4 热锅，放入胡香油，加入姜片、蒜头以小火略炒香，加入其余调味料及鸡肉翻炒均匀。
5 转小火、盖上锅盖，每2.5分钟开盖翻炒一次，炒至汤汁收干，起锅前加入罗勒、红辣椒片，炒至罗勒略软即可（盛盘后可另加入新鲜罗勒装饰）。

02 宫保鸡丁

材料

鸡胸肉……… 120克
葱……………… 1根
蒜头…………… 3颗
干辣椒………… 10克
花椒…………… 少许
蒜味花生……… 10克

腌料

酱油………… 1茶匙
淀粉………… 1大匙

调味料

A 酱油 …… 1大匙
米酒……… 1大匙
白醋……… 1茶匙
水………… 1大匙
水淀粉…… 1茶匙
B 香油……… 1茶匙

做法

1 鸡胸肉洗净去骨、去皮后切丁，放入腌料腌10分钟；葱洗净切段；蒜头拍扁切片；干辣椒切段，备用。
2 取锅烧热后倒入适量油，放入鸡胸肉丁炸熟捞起。
3 锅内放入葱段、蒜片、干辣椒段与花椒炒香，加入炸鸡胸肉丁与所有调味料A拌炒均匀，起锅前放入蒜味花生、淋上香油拌匀即可。

03 辣子鸡丁

材料

鸡胸肉……… 150克
青椒（切片）… 30克
红辣椒（切片） 1个
蒜头（切片）… 3颗

腌料

盐……………1/2小匙
淀粉………… 1大匙
香油………… 1小匙

调味料

A 辣椒酱 … 1大匙
白醋……… 1小匙
糖………… 1小匙
米酒……… 1大匙
水………… 2大匙
花椒粉…… 1小匙
B 水淀粉…… 1小匙

做法

1 鸡胸肉洗净切丁，加入腌料抓匀，腌渍约10分钟，备用。
2 将腌好的鸡胸肉放入140℃油温的锅内，炸熟至金黄色后捞起、沥油，备用。
3 热锅，加入适量色拉油，放入蒜片、红辣椒片爆香，再加入青椒片炒香，接着加入鸡胸肉及所有调味料A快炒均匀，起锅前加入水淀粉勾芡拌匀即可。

04 酱爆鸡丁

材料

去皮鸡胸肉… 150克
青椒………… 15克
洋葱………… 30克
竹笋………… 50克
红辣椒………1/2个
蒜末………1/2茶匙

腌料

盐………1/4茶匙
酒………1/2茶匙
淀粉……… 1茶匙

调味料

甜面酱……… 1茶匙
糖……… 1茶匙
水……… 1大匙
酱油………1/2茶匙

做法

1 青椒、洋葱、竹笋和红辣椒分别洗净切片，备用。
2 去皮鸡胸肉切丁，加入所有腌料拌匀，备用。
3 热锅，加入2大匙色拉油，放入鸡肉丁以大火炒至肉色变白后盛出，备用。
4 原锅中放入蒜末及所有做法1的材料，以小火略炒香，再加入所有调味料，以小火炒至汤汁略收，接着放入鸡丁，大火快炒至汤汁收干即可。

Tips.料理小秘诀

无论是鸡丁或鸡丝，放入油锅中料理时都可先拌炒或过油，将生肉炒至变白后，代表肉类稍熟了，再加入调味料或其他材料一起料理，口感会更滑嫩。

05 百合芦笋鸡

材料

去骨鸡腿肉……1/2个
新鲜百合……… 1个
芦笋……… 70克
红辣椒……… 1个
葱……… 少许
姜……… 少许

腌料

葱……… 1根
姜……… 2片
酒……… 1小匙
胡椒粉……… 少许
香油……… 少许
淀粉……… 少许

调味料

A 鸡高汤 … 3大匙
（做法见P11）
盐………1/2小匙
鸡精……… 1小匙
蚝油……… 1小匙
B 水淀粉……… 适量
香油……… 少许

做法

1 去骨鸡腿肉切片，用所有腌料（淀粉除外）腌约15分钟后捞起，拌入少许淀粉，再放入热油锅中过油备用。
2 新鲜百合剥开洗净；芦笋洗净切段；红辣椒、葱、姜洗净切片，备用。
3 热锅，倒入适量油烧热，放入葱片、姜片爆香后，放入百合略炒，再放入鸡肉片、芦笋段、红辣椒片，并加入所有调味料A炒匀至肉片熟。
4 最后以水淀粉勾薄芡，起锅前淋上香油即可。

06 花雕鸡

材料

仿土鸡1/2只、红葱头5粒、蒜头5颗、干辣椒5个、芹菜30克、洋葱30克、黑木耳50克、葱段30克

腌料

花雕酒3大匙、酱油2茶匙、盐1/4茶匙、糖1/4茶匙、淀粉1茶匙

调味料

A 辣豆瓣酱1大匙、花雕酒3大匙、蚝油1大匙、麻酱1/2茶匙、糖1茶匙、鸡精1茶匙、水1碗
B 花雕酒1大匙

做法

1 鸡肉剁小块，加入所有腌料拌匀，腌渍约1小时，备用。
2 红葱头及蒜头切片；干辣椒切小段；洋葱洗净切小块；芹菜洗净切段；黑木耳洗净切小片，备用。
3 热锅，放入2大匙色拉油，将鸡块煎至两面金黄后盛出，备用。
4 原锅中放入蒜片、红葱头片、干辣椒段、洋葱块，以小火炸至金黄，再加入鸡块及所有调味料A炒匀，转小火盖上锅盖焖煮约15分钟。
5 接着开盖加入芹菜段、黑木耳片、葱段拌炒1分钟，再淋入1大匙花雕酒炒匀后盛入小锅中即可。

Tips.料理小秘诀

炒完的花雕鸡可以配饭吃，非常开胃下饭，吃到最后可以再加入高汤及粉条，煮成火锅变成第二种吃法，可以增加饱足感且喝汤。花雕鸡一锅两吃，是许多店家的热门吃法！

1

2

3

4

5

07 XO酱炒鸡肉

材料

鸡胸肉………… 1片
红辣椒…………1/2个
蒜头…………… 2颗
葱……………… 1根
红甜椒片………1/2个

调味料

XO酱 ……… 1大匙
盐…………… 1小匙
香油………… 1小匙
鸡精………… 1小匙
水…………… 2大匙

做法

1 将鸡胸肉切小丁备用。
2 红辣椒、红甜椒和蒜头洗净，切片状；葱洗净，切小段备用。
3 起一个炒锅，将xo酱以小火先爆香，加入鸡肉丁炒香，再加入做法2的材料与其余调味料一起翻炒均匀即可。

Tips.料理小秘诀

XO酱先以小火爆香，可以提升酱料的气味，这样加入鸡肉拌炒时口感会更美味。另外，加入新鲜的蒜头和红辣椒，也可以让料理的鲜味加分。

08 花生炒鸡丁

材料

干辣椒………… 2个
小黄瓜………… 1条
鸡胸肉………… 1片
洋葱……………1/2颗
红辣椒…………1/2个
葱……………… 1根
豆干…………… 2片
花生……………30克

调味料

香油………… 1大匙
盐…………… 1小匙
白胡椒……… 1小匙
鸡精………… 1小匙

做法

1 鸡胸肉切小丁备用。
2 豆干、小黄瓜和洋葱洗净，切小丁；红辣椒和葱洗净，切碎末状备用。
3 将花生用菜刀切碎。
4 起一个炒锅，将鸡肉丁先炒香，然后加入干辣椒爆香，再加入做法2和做法3的所有材料翻炒。
5 最后再加入所有调味料翻炒均匀即可。

Tips.料理小秘诀

也许读者乍看用菜刀切花生会觉得很困难，其实慢慢来一点也不难，而且用菜刀切过的花生入锅炒后吃起来更酥脆，也不易出油，口感更好。

09 干葱豆豉鸡

* 材料 *

鸡腿………… 500克
豆豉…………… 30克
红葱头……… 100克

* 腌料 *

酱油………… 1茶匙
糖……………1/2茶匙
米酒………… 1茶匙
淀粉………… 1茶匙

* 调味料 *

水……………80毫升
蚝油………… 1大匙
糖………… 1茶匙

* 做法 *

1 鸡腿剁小块，加入所有腌料拌匀；红葱头去膜；豆豉洗净泡软，备用。
2 取锅加入适量油烧热，放入红葱头，以小火炸至金黄捞出。
3 原锅中放入腌好的鸡块，以小火炸5分钟后捞出，将油沥干，并将锅中的油倒出。
4 重新加热原锅，放入红葱头略炒，再加入所有调味料、豆豉与炸好的鸡块，以小火煮15分钟即可。

10 苹果炒鸡肉片

* 材料 *

鸡胸肉……… 200克
红苹果…………1/2个
青苹果…………1/2个
葱……………… 2根

* 调味料 *

A 水 ……… 30毫升
酱油……… 6毫升
白醋……… 15毫升
糖…………… 13克
B 盐…………… 少许

* 做法 *

1 鸡胸肉切成片状，加入少许盐及米酒（分量外）略腌备用。
2 红、青苹果洗净对切，去籽，再切成约0.3厘米厚的扇片状；葱洗净切成约3厘米长的段，备用。
3 热锅，倒入适量色拉油，加入鸡胸肉片炒至颜色变白，盛起备用。
4 另热一锅，倒入适量色拉油，放入红、青苹果片略炒后，再放入葱段及事先混合好的调味料A拌炒均匀，再放入鸡胸肉片炒匀，加入调味料B拌匀即可。

11 菠萝鸡片

材料

鸡胸肉……… 140克
菠萝肉……… 120克
姜片…………… 5克
红甜椒………… 60克

腌料

淀粉………… 1茶匙
蛋清………… 1大匙
米酒………… 1茶匙

调味料

A 盐 ………1/4茶匙
白醋……… 1大匙
番茄酱…… 1大匙
糖………… 2大匙
水………… 1大匙
B 水淀粉……1/2大匙
香油……… 1茶匙

做法

1 鸡胸肉切片后用腌料抓匀，腌渍约5分钟；菠萝肉、红甜椒洗净切片，备用。
2 在鸡胸肉片中加1大匙色拉油（分量外）略拌匀以防沾粘。
3 热一炒锅，加入1大匙色拉油，以小火爆香姜片，接着加入鸡胸肉片，以大火快炒约30秒至鸡肉变白，再加入菠萝片、红甜椒片及所有调味料A持续翻炒约1分钟。
4 以水淀粉勾芡，最后再淋入香油即可。

12 香菇炒鸡柳

材料

去骨鸡腿肉… 200克
鲜香菇……… 150克
姜末…………1/2茶匙
青蒜…………… 少许

腌料

盐……………1/2茶匙
淀粉………… 1茶匙
米酒…………1/2茶匙
胡椒粉………1/4茶匙
糖…………… 少许

调味料

盐……………1/2茶匙
糖……………1/4茶匙

做法

1 去骨鸡腿肉切成条状，加入所有腌料，腌15分钟。
2 鲜香菇洗净，去蒂后切成条状，青蒜洗净切片，备用。
3 取锅加入适量油烧热，放入腌好的鸡肉条炸2分钟，捞起过油沥干，并将油倒出。
4 重新加热原锅，放入姜末略炒，再加入鲜香菇条，以小火炒至软，加入所有调味料、青蒜片与炸过的鸡肉条，以大火快炒1分钟即可。

13 芒果鸡柳

* 材料 *

仿土鸡胸肉…　150克
芒果……………　1个
姜丝……………　10克
红甜椒丝………　少许

* 腌料 *

盐……………1/2茶匙
米酒…………1/2茶匙
胡椒粉…………　少许
香油……………　少许
淀粉…………　1茶匙

* 调味料 *

盐……………1/2茶匙
番茄酱………　1大匙
糖……………1/2茶匙

* 做法 *

1 仿土鸡胸肉去皮、切细条，加入所有腌料腌渍约15分钟，备用。
2 芒果去皮、去籽、切条，泡热水备用。
3 热锅加入2大匙油，将鸡肉条以大火快炒约2分钟至熟盛出，备用。
4 原锅中加入姜丝略炒，放入所有调味料与鸡肉条略炒，最后放入沥干水分的芒果条与红甜椒丝，轻轻拌炒均匀即可。

14 双椒鸡片

* 材料 *

鸡胸肉………　130克
剥皮辣椒………　6个
红辣椒…………　4个
姜末……………　5克
葱………………　1根

* 腌料 *

淀粉…………　1小匙
蛋清…………　1大匙
米酒…………　1小匙

* 调味料 *

盐……………1/4小匙
鸡精…………1/4小匙
糖……………1/6小匙
水淀粉………　1小匙
香油…………　1小匙

* 做法 *

1 鸡胸肉洗净切片，加入所有腌料抓匀，腌渍约5分钟备用。
2 红辣椒洗净对剖后去籽切小片，剥皮辣椒洗净切小片，葱洗净切段，备用。
3 在鸡胸肉片加入1大匙色拉油（分量外）略拌匀以防沾粘，备用。
4 热锅，倒入1大匙色拉油，以小火爆香姜末，加入鸡胸肉片，以大火快炒约30秒至肉变白散开，加入红辣椒片、剥皮辣椒片及葱段，加入盐、鸡精、糖，拌炒约1分钟后用水淀粉勾芡，再淋上香油即可。

15 香料鸡丁

材料

无骨鸡腿排1片、红甜椒1/2个、黄甜椒1/2个、甜豆10根

调味料

奶油少许、盐少许、黑胡椒少许

腌料

蒜头2粒、月桂叶1片、淀粉1大匙、普罗旺斯香料1大匙、黑胡椒少许、盐少许

做法

1 首先将鸡腿排洗净，切成大小适合的正方形丁，再加入所有的腌料拌匀腌30分钟备用。
2 红甜椒、黄甜椒都洗净切成菱形片，备用。
3 起锅加入一大匙色拉油，再加入腌好的鸡腿丁煎上色。
4 再加入做法2的所有材料、甜豆和所有调味料一同翻炒均匀即可。

备注：建议做法1的无骨鸡腿排可腌多片，视个人喜好分量分装，放入冰箱冷冻保存。（冰箱冷藏7~10天，要吃时再解冻加热。）

Tips.料理小秘诀

鸡腿排先腌渍好，料理起来才会入味。可一次多腌一点，分装后拿去冷冻，记得肉片一定要平铺，而且不要重叠，这样解冻才会快速。

16 山药鸡丝

材料

鸡胸肉片…… 150克
山药………… 150克
枸杞子………… 5克
蒜头…………… 1颗
葱……………… 1根

腌料

米酒………… 1小匙
淀粉………… 1小匙

调味料

盐…………… 1小匙
酒…………… 1小匙
鸡精………… 1小匙
鸡高汤…… 100毫升
（做法见P11）

做法

1 鸡胸肉片切丝；山药洗净去皮切丝；葱洗净切段；蒜头切片；枸杞子洗净泡水，备用。
2 将鸡丝用所有腌料拌匀备用。
3 取一锅水煮沸，放入鸡丝拌开后立即捞起，沥干水分备用。
4 热锅，倒入1大匙油烧热，放入葱段、蒜片爆香后，放入鸡丝略炒，再加入山药丝及所有调味料，以大火快炒均匀，最后放入枸杞子拌炒数下即可。

17 锅塌鸡片

材料

鸡胸肉…………50克
葱………………1/2根
鸡蛋……………3颗
色拉油………3大匙
蒜片…………1大匙
鸡高汤……100毫升
（做法见P11）

调味料

盐……………1小匙
鸡精…………1/2小匙

做法

1 将鸡胸肉洗净切片备用；葱洗净切成葱花，把鸡蛋打散后，加入葱花及调味料一起搅拌均匀，备用。
2 取一锅，加入色拉油烧热后，以中火将鸡肉片煎上色，再倒入蛋液一起煎煮1分钟。
3 继续放入蒜片，然后再翻面煎煮40秒至上色，倒入鸡高汤继续烧煮，煮到汤汁快收干、蛋也煮熟时即可起锅。

Tips.料理小秘诀

蛋的表面煎上色时，由于蛋心还没有熟透，此时加入少许高汤烹煮，既可以延长煎蛋的时间，也不容易把蛋煎焦，而且蛋也能吸收到高汤的味道！

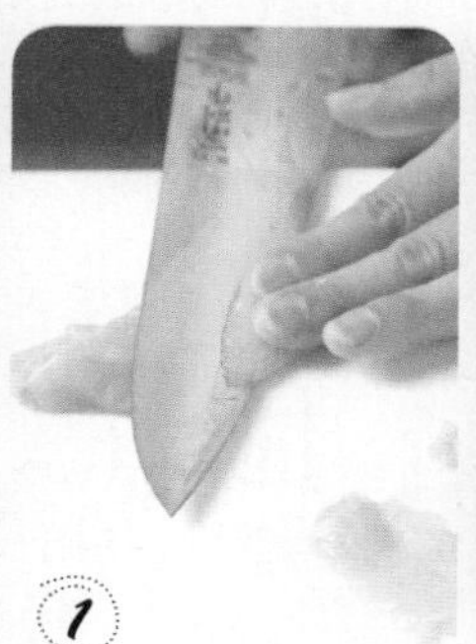
1

2

3

4

5

18 三丝炒鸡丝

材料

去骨鸡胸肉片250克、青椒1/3个、红甜椒1/3个、香菇2朵、葱1根、姜少许

腌料

米酒1小匙、胡椒粉少许、糖少许、鸡蛋1个（取1/2蛋清）、淀粉1小匙

调味料

米酒1小匙、盐1/3小匙、水3大匙、香油适量

做法

1 将所有材料洗净切丝备用。
2 将去骨鸡胸肉丝用所有腌料腌约5分钟；热锅，放入适量色拉油烧热，将鸡胸肉丝过油后捞起备用。
3 另热一锅，倒入适量油烧热，放入葱丝、香菇丝爆香后，加入除香油外的其余调味料、青椒丝、红甜椒丝翻炒，再加入鸡胸肉丝以大火快炒均匀，起锅前淋上香油即可。

19 番茄鸡丝炒蛋

材料

鸡胸肉200克、番茄2个、蒜头1颗、小白菜2棵、鸡蛋3个

调味料

鸡精1小匙、白胡椒粉1小匙、盐1小匙、糖1小匙、水120毫升

做法

1 先将鸡胸肉放入滚水中快速汆烫过水，再剥成丝状备用。
2 将番茄洗净，切小丁；蒜头洗净，切片；小白菜洗净，切段备用。
3 将鸡蛋打入碗中，搅拌均匀。
4 起一个炒锅，以中火将做法2的所有材料先爆香，加入所有调味料烩煮一下，再加入鸡肉丝与全蛋液一起烩煮成糊状即可。

20 银芽鸡丝

材料

鸡胸肉片250克、绿豆芽150克、葱1根、红辣椒1个

腌料

米酒1小匙、淀粉1小匙、盐少许、胡椒粉少许

调味料

米酒1大匙、水3大匙、盐1/2小匙、鸡精1/2小匙、香油适量

做法

1 鸡胸肉片切丝，加入所有腌料腌约10分钟备用。
2 银芽去根、洗净；葱、红辣椒洗净切丝备用。
3 热锅，倒入适量油烧热，放入鸡丝过油一下，捞起沥油备用。
4 另热一锅，倒入2大匙油烧热，放入葱丝、红辣椒丝爆香后，放入鸡丝、绿豆芽略炒，再加入除香油外的其余调味料炒匀，起锅前淋上香油即可。

21 椒盐炒鸡

材料

沙茶鸡排……… 1块（做法见P32）
葱……………… 3根
蒜头…………… 20克
红辣椒………… 1个

调味料

胡椒盐………1/8茶匙

做法

1 沙茶鸡排切小块，备用。
2 葱洗净切葱末；红辣椒洗净切末；蒜头洗净切碎，备用。
3 热锅下1大匙色拉油，以小火爆香葱末、蒜碎以及红辣椒末，放入沙茶鸡排块，再撒上胡椒盐以大火快炒约5秒，拌炒均匀即可。

22 乌斯特糖醋鸡排

材料

腐乳鸡排……… 1块（做法见P36）
红甜椒………… 40克
黄甜椒………… 40克
蒜头…………… 5克

调味料

乌斯特醋…… 3大匙
糖…………… 3大匙
水…………… 2大匙

做法

1 腐乳鸡排切小块盛盘，备用。
2 红、黄甜椒洗净去籽后切块；蒜头切末，备用。
3 热锅，下1大匙色拉油，以小火炒香蒜末，加入红、黄甜椒块，加入所有调味料，煮开后淋至腐乳鸡排上即可。

23 酱烧鸡块

材料

去骨鸡腿…… 250克
洋葱片……… 100克

辛香料

红辣椒片……… 15克
蒜末…………… 10克
葱段…………… 10克

腌料

酱油………… 1小匙
糖……………… 少许
胡椒粉………… 少许
米酒…………1/2大匙

调味料

酱油………… 2大匙
盐……………… 少许
糖……………… 少许

做法

1 去骨鸡腿洗净、切块，加入所有腌料一起拌匀，腌渍约15分钟，再放入油锅中过油后，捞出备用。
2 热锅，加入1大匙油，爆香所有辛香料，再放入洋葱片炒香，接着加入鸡块及所有调味料，拌炒均匀入味即可。

24 茄辣鸡翅

材料

鸡中翅………… 10个
洋葱………… 100克
姜……………… 10克
红葱头………… 2粒
水………… 200毫升

调味料

辣椒酱……… 2大匙
番茄酱……… 2大匙
米酒………… 1茶匙
糖…………… 2大匙

做法

1 鸡中翅洗净、沥干水分；姜及红葱头洗净切末；洋葱洗净切丝，备用。
2 热一锅，加入少许色拉油，放入鸡中翅煎至两面焦黄后取出，备用。
3 原锅加入少许色拉油，以小火爆香洋葱丝、姜末及红葱头末，接着加入辣椒酱、番茄酱炒香，再放入鸡中翅与所有调味料，以小火慢煮至汤汁收干即可。

Tips.料理小秘诀

用最平常的番茄酱加上辣椒酱就能做出最好的调味料，拌炒后让鸡翅入味，酸辣的好滋味令人吮指回味。

25 小鸡块

材料

鸡胸肉……… 200克

炸粉料

低筋面粉…… 1大匙
鸡蛋（取蛋黄） 2个
泡打粉……… 1小匙
水…………… 30毫升
牛奶………… 20毫升
盐……………1/4小匙
糖……………1/4小匙
油…………… 1大匙

做法

1 将鸡胸肉剁碎成鸡胸肉末，捏成小扁块状8个，备用。
2 所有炸粉料拌匀备用。
3 将鸡块均匀裹上混合好的炸粉。
4 热油锅，以中大火将油温烧热至约200℃，放入鸡块，炸3~5分钟至表面呈金黄色，取出沥油即可。

Tips.料理小秘诀

在粉浆中加入蛋黄，既能增添风味，还能让外皮口感更酥脆。

26 奶油鸡米花

材料

鸡胸肉……… 400克
脆浆粉……… 2大匙
牛油………… 1小匙
鸡蛋…………1/2个
水…………… 1大匙

腌料

玉桂粉………1/4小匙
姜末………… 适量
葱末………… 适量
香油………… 1小匙
胡椒粉……… 少许
酒…………… 少许
盐…………… 少许

做法

1 将鸡胸肉洗净去骨后，先切成长条状，再切小丁，再以所有腌料腌约20分钟至入味备用。
2 将牛油放置室温至溶化后，加入脆浆粉、鸡蛋、水一起调和成面糊。
3 将鸡丁均匀裹上面糊。
4 起锅，倒入适量油烧热至130℃，将鸡丁放入锅中炸约2分钟，至表面呈金黄色即可。

27 香酥鸡排

材料

A 鸡胸肉1/2块
B 地瓜粉1杯

调味料

A 葱15克、姜15克、蒜头40克、酱油膏1大匙、五香粉1/8茶匙、料酒1大匙、小苏打粉1/4茶匙、糖1茶匙、水60毫升
B 椒盐粉1茶匙

做法

1 鸡胸肉洗净后去皮，横剖到底但不切断，成一大片备用。
2 将所有调味料A一起放入果汁机搅打约30秒，滤渣即成腌汁。将鸡肉排放入腌汁中腌渍30分钟后捞出，以按压的方式均匀沾裹地瓜粉后，轻轻抖掉多余的粉备用。
3 热油锅，待油温烧热至约180℃时，放入鸡肉排以中火炸约3分钟，至表皮金黄酥脆时捞出沥油，撒上椒盐粉即可。

Tips.料理小秘诀

鸡排腌渍时间足够才会入味好吃，否则再沾了厚厚的地瓜粉后就会味道不足。沾粉时要用按压的方式，这样粉沾得比较紧，且要回潮后再炸就不容易掉粉。

28 沙茶鸡排

材料

带骨鸡胸肉1块、胡椒盐适量

干炸粉

地瓜粉1杯、吉士粉1/2杯

腌料

A 葱2根、姜10克、蒜头40克、水100毫升
B 五香粉1/4茶匙、黑胡椒粉1茶匙、沙茶酱1大匙、糖1大匙、味精1茶匙、酱油膏1大匙、小苏打1/4茶匙、料酒2大匙

做法

1 带骨鸡胸肉去皮，对剖成半，从侧面中间处横剖到底，但不要切断，片开鸡胸肉即为鸡排。
2 腌料A放入果汁机中打匀，加入所有腌料B调匀成腌汁；所有干炸粉材料拌匀，备用。
3 将鸡排放入腌汁中，盖好保鲜膜，放入冰箱冷藏腌渍约2小时后取出，沥除多余腌汁。
4 取鸡排放入炸粉中，用手掌按压让炸粉沾紧，翻至另一面同样略按压后，拿起轻轻抖掉多余的炸粉。
5 将鸡排静置约1分钟让炸粉回潮；热油锅至油温约180℃，放入鸡排炸约2分钟，待鸡排炸至表面呈金黄酥脆状后起锅，撒上适量胡椒盐（分量外）即可。

29 奶酪吉列鸡排

材料

A 鸡胸肉 ……1/2块
B 盐…………1/6茶匙
味精………1/6茶匙
洋葱末……… 10克
蒜末………… 5克
马兹拉奶酪片 2片
C 鸡蛋 ……… 1个
玉米粉……… 50克
面包粉…… 100克

做法

1 鸡胸肉洗净后去皮、去骨，横剖到底成一片蝴蝶状肉片（注意不要切断）；鸡蛋打成蛋液，备用。
2 摊开鸡排，在其表面铺上马兹拉奶酪片。
3 在马兹拉奶酪片上均匀撒上盐、味精、洋葱末及蒜末，再将鸡排向内对折包起。
4 再将裹好的鸡排均匀裹上玉米粉。
5 再将裹好粉的鸡排均匀沾上蛋液。
6 最后将鸡排放入面包粉内，以拍压的方式裹上面包粉，并热油锅至油温达120℃，即放入锅中油炸约3分钟，至表面呈金黄酥脆即可起锅、沥油。

Tips.料理小秘诀

想尝到奶酪流出的柔嫩口感，油温控制很重要，必须采用“微酥软炸”的方式。选用对的奶酪也很重要，马兹拉乳酪遇热后会成漂亮流质状，很适合当芝心内馅。

1

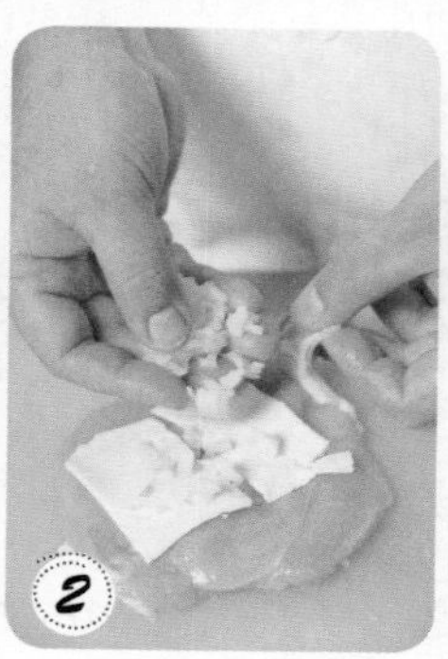
2

3

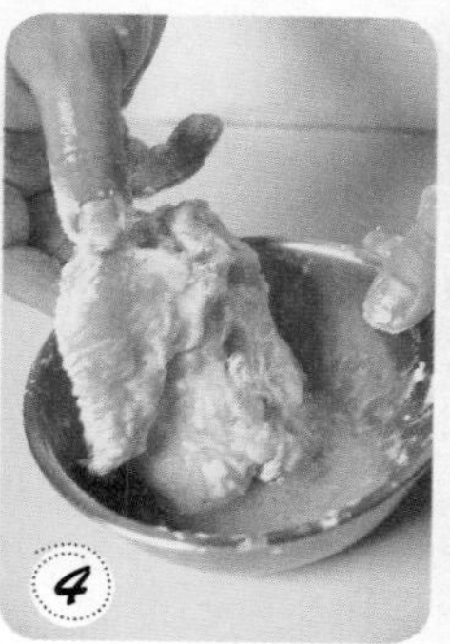
4

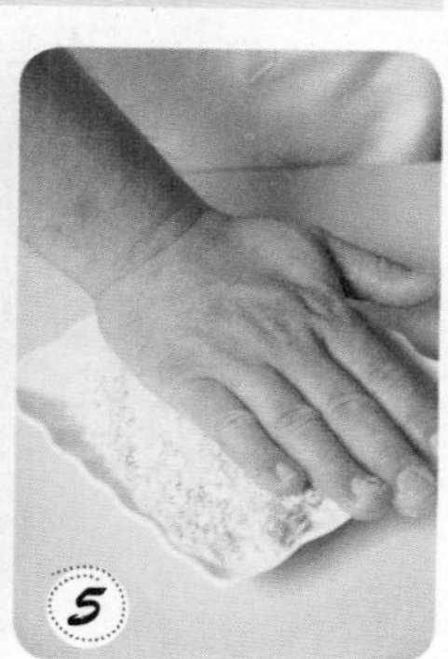
5

30 脆皮鸡排

* 材料 *

带骨鸡胸肉…… 1块
低筋面粉……… 适量
胡椒盐………… 适量

* 腌料 *

蒜头…………… 80克
水………… 100毫升
香芹粉………1/2茶匙
五香粉………1/2茶匙
洋葱粉……… 1茶匙
盐……………1/2茶匙
糖…………… 1茶匙
味精………… 1茶匙
小苏打………1/4茶匙
米酒………… 1大匙

* 粉浆炸粉 *

低筋面粉………1/2杯
玉米粉…………1/2杯
地瓜粉………… 1杯
盐……………1/2茶匙
糖…………… 1茶匙
香蒜粉……… 1茶匙
水………………… 1杯

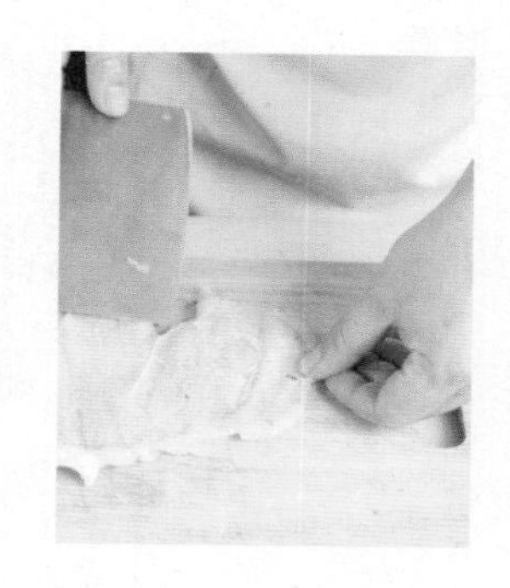

* 做法 *

1 将所有粉浆炸粉材料拌匀成粉浆，备用。
2 带骨鸡胸肉去皮，对剖成半，从侧面中间处横剖到底，但不要切断，片开鸡胸肉即为鸡排。
3 蒜头和水一起放入果汁机中打成泥，加入其余腌料拌匀成腌汁。
4 将鸡排放入腌汁中腌渍约20分钟，取出将两面均匀地沾上低筋面粉，再裹上做法1的粉浆。
5 热油锅至油温约180℃，放入鸡排炸约2分钟，至表面呈金黄酥脆状起锅，撒上适量胡椒盐即可。

1

2

3

4

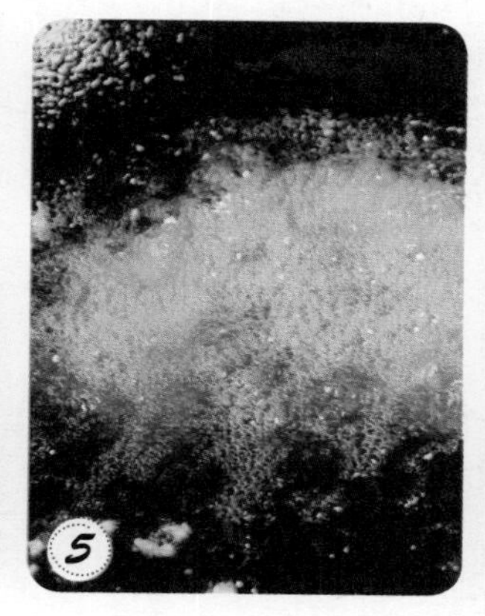
5

6

31 腐乳鸡排

材料

A 鸡胸肉 ……1/2块
B 红腐乳……… 60克
米酒……… 10毫升
糖………… 1茶匙
味精………1/2茶匙
蚝油……… 1大匙
姜末………… 5克
小苏打……1/4茶匙
水………… 50毫升
蒜末………… 20克
C 炸鸡排粉 100克
胡椒粉……… 适量

做法

1 鸡胸肉洗净后去皮、去骨，横剖到底成一片蝴蝶状的肉片（注意不要切断）备用。
2 将所有材料B放入果汁机中搅打约30秒，混合均匀即为腌汁。
3 将鸡胸肉排放入腌汁中腌约30分钟至入味后，捞起沥干，再以按压的方式均匀沾裹炸鸡排粉。
4 热油锅，待油温热至150℃时，放入鸡胸肉排，炸约2分钟至表面呈金黄色，即捞起沥油。
5 食用前撒上适量胡椒粉即可。

Tips.料理小秘诀

红腐乳又称“南乳”，本身有使肉质软化的作用，且口感咸中带甜。制作红腐乳鸡排时，为了让红腐乳更好地被吸收，可以用刀尖在肉上先刺些小洞，如此一来不但腌渍更入味，裹粉时也会更好沾附。

32 茴味鸡排

材料

带骨鸡胸肉1块、胡椒盐适量

湿炸粉

淀粉1/2杯

腌料

A 葱2根、姜10克、蒜头40克、水80毫升

B 孜然粉1大匙、五香粉1/4茶匙、糖1大匙、味精1茶匙、酱油膏1大匙、小苏打1/4茶匙、米酒2大匙

做法

1 带骨鸡胸肉去皮，对剖成半，从侧面中间处横剖到底，但不要切断，片开鸡胸肉即为鸡排。
2 所有腌料A放入果汁机中，加入水打成汁，用滤网将渣滤除，再加入所有腌料B拌匀成腌汁。
3 将鸡排放入腌汁中，加入淀粉拌匀至呈浓稠糊状，盖上保鲜膜，放入冰箱冷藏腌渍约2小时。
4 取出腌渍好的鸡排；热油锅至油温约180℃，放入鸡排炸约2分钟，至表面呈金黄酥脆状起锅，撒上适量胡椒盐即可。

33 芝麻鸡排

材料

带骨鸡胸肉1块、胡椒盐适量

湿炸粉

白芝麻1大匙、淀粉1/2杯

腌料

A 葱2根、姜10克、蒜头40克、水80毫升、芹菜30克

B 五香粉1/4茶匙、糖1大匙、味精1茶匙、小苏打1/4茶匙、米酒2大匙、盐2克

做法

1 带骨鸡胸肉去皮，对剖成半，从侧面中间处横剖到底，但不要切断，片开鸡胸肉即为鸡排。
2 所有腌料A放入果汁机中打成汁，用滤网将渣滤除，再加入所有腌料B拌匀成腌汁。
3 将鸡排放入腌汁中，加入淀粉和白芝麻拌匀至呈浓稠糊状，盖上保鲜膜，放入冰箱冷藏腌渍约2小时。
4 取出腌渍好的鸡排；热油锅至油温约180℃，放入鸡排炸约2分钟，至表面呈金黄酥脆状起锅，撒上适量胡椒盐即可。

34 虾酱鸡排

材料

带骨鸡胸肉…… 1块
胡椒盐………… 适量

腌料

虾酱………… 1大匙
姜……………… 10克
蒜头…………… 40克
糖…………… 1大匙
味精………… 1茶匙
鱼露………… 1大匙
小苏打………1/4茶匙
水…………… 50毫升
米酒………… 1大匙

湿炸粉

淀粉……………1/2杯

做法

1 带骨鸡胸肉去皮，对剖成半，从侧面中间处横剖到底，但不要切断，片开鸡胸肉即为鸡排。
2 所有腌料材料放入果汁机中打匀成腌汁，备用。
3 将鸡排放入腌汁中 ，加入淀粉拌匀至呈浓稠糊状，盖上保鲜膜，放入冰箱冷藏腌渍约2小时。
4 取出腌渍好的鸡排；热油锅至油温约180℃，放入鸡排炸约2分钟，至表面呈金黄酥脆状起锅，撒上适量胡椒盐即可。

35 盐酥鸡

* 材料 *

A 鸡胸肉 ……1/2块
胡椒盐……… 适量
B 葱末………… 10克
姜末………… 10克
蒜末………… 40克
五香粉……1/4茶匙
糖………… 1大匙
味精……… 1茶匙
酱油膏…… 1大匙
小苏打……1/4茶匙
水………… 50毫升
米酒……… 1大匙
C 罗勒 …… 100克
地瓜粉…… 100克
D 辣椒粉 …… 适量
胡椒盐……… 适量

* 做法 *

1 鸡胸肉去皮、去骨，再平均切成约拇指大小的鸡肉块；罗勒洗净沥干、剪掉粗梗，备用。
2 所有材料B一起放入果汁机中，打约30秒混合制成腌汁。
3 将鸡肉块放入腌汁中腌渍约30分钟，备用。
4 将鸡肉块放入地瓜粉中均匀沾裹，再倒入粗孔筛子上轻轻摇晃，筛掉多余的地瓜粉。
5 热油锅，待油温热至150℃，放入鸡肉块，炸约2分钟至表面呈金黄酥脆状，即可放入罗勒，数约2秒即可捞起沥油。
6 食用前撒上适量胡椒盐、辣椒粉即可。

36 椒麻鸡

* 材料 *

去骨鸡腿排1块、淀粉1/2碗

* 腌料 *

姜（切碎）20克、葱（切碎）1/2根、盐1/4茶匙、五香粉1/8茶匙、蛋液1大匙

* 椒麻酱汁 *

香菜碎1茶匙、蒜末1/2茶匙、红辣椒末1/2茶匙、白醋2茶匙、陈醋2茶匙、糖1大匙、酱油1大匙、凉开水1大匙、香油1/2茶匙

* 做法 *

1 鸡腿排切去多余脂肪，加入所有腌料拌匀，静置约30分钟，再取出均匀沾裹上淀粉，备用。

2 热油锅，放入鸡腿排以小火炸约4分钟，再转大火炸约1分钟，捞起沥油，切块置盘，备用。

3 将所有椒麻酱汁材料混合均匀，淋在炸鸡排上即可（亦可另撒上适量香菜叶装饰）。

Tips.料理小秘诀

如果懒得自己在家里炸鸡排，也可以直接买一块炸好的鸡排回家加工，淋上椒麻酱汁就是椒麻鸡了，省时又简单！

1

2

3

4

5

37 酥炸鸡卷

* 材料 *

鸡胸肉……… 100克
鱼浆………… 200克
胡萝卜末……… 30克
豆薯末………… 80克
葱末…………… 15克
香菜末………… 10克
地瓜粉………… 25克
鸡蛋（取1/3蛋液）1个
腐皮………… 2张
小黄瓜片……… 适量
面糊………… 适量

* 调味料 *

盐……………… 少许
糖……………… 少许
白胡椒粉……1/4小匙
米酒………… 1大匙

Tips.料理小秘诀

鸡卷在古代是将剩余的碎肉与食材全部包起来的料理，不过到了现代比较流行加了鱼浆、整条的鸡胸肉。我们可以学习古代做法多加一些剩余的食材，不但可以增加口感，也能省钱。

* 做法 *

1 鸡胸肉洗净切条状，以少许盐及白胡椒粉（分量外）拌匀腌约15分钟备用。
2 鱼浆加入胡萝卜末、豆薯末、葱末、香菜末、地瓜粉、蛋液及所有调味料拌匀备用。
3 将2张腐皮剪成6小张，铺平放入适量鱼浆、鸡肉，卷成卷状封口涂上少许面糊，两端捏紧成鸡卷备用。
4 将鸡卷放入温油锅中（约100℃），以小火炸至鸡卷浮上来后，开大火炸至表面酥脆，捞出历油待凉切片即可。

38 唐扬炸鸡块

材料

鸡腿肉（去骨）300克、白芝麻1茶匙

腌料

蒜泥1大匙、酱油1大匙、鸡蛋1个（取蛋液）、淀粉1大匙、面粉1大匙

做法

1 鸡腿肉切小块，加入蒜泥、酱油、蛋液抓匀，再加入淀粉及面粉拌匀后，加入白芝麻略拌，备用。
2 热锅，加入约500毫升油烧热至约160℃，将鸡块依序下锅，以中火炸约2分钟至表面略金黄定型后，捞出沥干油分，备用。
3 再将油锅持续加热至约180℃，再次将鸡块入锅，以大火炸约1分钟至颜色变深、表面酥脆后，捞起沥油盛盘即可（盛盘后可另加入生菜叶、番茄片装饰）。

39 香酥鸡肉条

材料

鸡胸肉400克、鸡蛋1个（取蛋液）、低筋面粉1大匙、淀粉少许、水适量

腌料

玉桂粉1/4小匙、葱1根、姜片2片、香油1小匙、酒少许、胡椒粉少许、盐少许

做法

1 将鸡胸肉洗净切成长条，再用所有腌料腌约30分钟至入味备用。
2 用淀粉、低筋面粉、蛋液和水均匀调和成面糊，再把鸡胸肉裹上一层面糊。
3 起锅，倒入适量油，以中火烧热，放入鸡胸肉后，随即转小火炸约2分钟，再转回中火炸约1分钟至外表呈金黄色时即可。

40 爆炸鸡肉丸

材料

A 鸡胸肉 … 300克
马蹄………… 40克
洋葱………… 40克
B 淀粉………… 40克
胡椒粉……… 少许
鸡精………1/4小匙
盐…………1/6小匙
糖…………1/4小匙

做法

1 将鸡胸肉洗净切成末，马蹄、洋葱洗净切小丁备用。
2 将鸡肉末、马蹄丁、洋葱丁，再加上材料B一起搅拌均匀至呈黏稠状时，以手捏成丸状备用。
3 起锅，倒入适量油，以中火烧热，放入鸡肉丸后，随即转小火炸约2分钟，再转为中火炸约1分钟至表面呈金黄色即可。

41 香炸鸡肉串

材料

鸡胸肉……… 400克
青椒…………… 适量
红甜椒………… 适量
洋葱…………… 适量

腌料

姜片…………… 40克
葱段…………… 40克
生抽………… 1小匙
酒…………… 1小匙
淀粉………… 1大匙
黑胡椒粉…… 1小匙
鸡精…………… 少许

做法

1 将鸡胸肉、青椒、红甜椒和洋葱洗净，分别切成长宽各约2厘米的小块备用。
2 将鸡胸肉以所有腌料腌约20分钟至入味备用。
3 以竹签将鸡胸肉与青椒、红甜椒、洋葱一同串起。(一副鸡胸肉约可制作8串鸡肉串)
4 起锅，倒入适量油，以中火烧热后，放入鸡肉串，随即转小火炸约2分钟，再转回中火炸约1分钟至鸡肉呈金黄色即可。

42 炸嫩鸡腿

材料

鸡腿…………… 2个
低筋面粉…… 240克
玉米粉……… 240克

调味料

A 葱 ………… 2根
姜…………… 15克
蒜头………… 30克
五香粉……1/2茶匙
盐…………1/2茶匙
水………… 50毫升
米酒……… 1大匙
糖………… 1茶匙
B 椒盐粉…… 1大匙

做法

1 将所有调味料A一起放入果汁机中，搅打约30秒后滤去渣成腌汁，备用。
2 混合低筋面粉及玉米粉，过筛后加入调味料B拌匀成外裹粉，备用。
3 鸡腿洗净剁开成2块，放入腌汁中腌渍约30分钟后捞出，均匀沾裹上外裹粉，并略抖动鸡腿，去掉多余的粉。
4 热油锅，待油温烧热至约150℃，放入鸡腿，以小火慢炸约8分钟后，转中火提高油温、逼出油分，炸至鸡腿表面呈金黄酥脆状，捞出沥油即可。

Tips.料理小秘诀

除了厚厚脆皮的炸鸡之外，薄皮炸鸡也是另一种减脂选择，其裹粉较薄，品尝重点在于肉质本身，而非酥脆的炸皮。薄皮炸鸡裹粉之后需将多余的粉轻轻抖掉，让沾裹的粉厚薄均匀，炸出来的成品才会口感一致！由于外裹粉较少，吸收的油脂也相对减少，对于喜欢吃炸鸡，却不喜欢太油腻的人来说，是不错的选择！

1

2

3

4

5

6

7

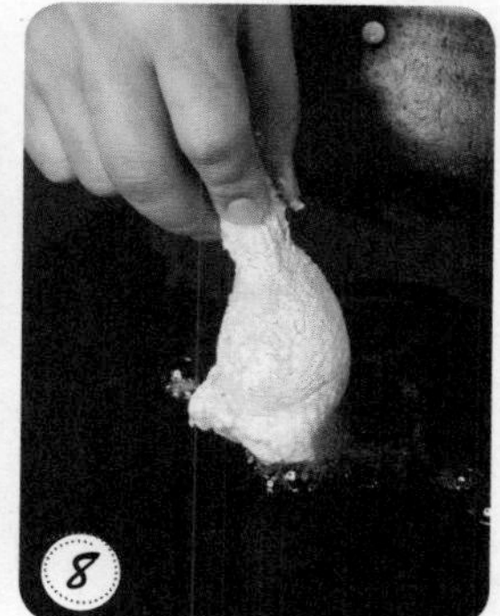
8

43 香酥炸鸡腿

材料

鸡腿…………… 3个

腌料

鲜美露……… 1大匙
米酒………… 2大匙
胡椒粉………1/2小匙
香菇精……… 1小匙
辣椒粉……… 1小匙
香蒜粉……… 1小匙
香油………… 1大匙
蒜末………… 2小匙
水………… 500毫升

面衣

水………… 180毫升
色拉油…… 120毫升
鸡蛋…………… 1个
低筋面粉… 360毫升
地瓜粉…… 120毫升
粘米粉…… 120毫升

做法

1 鸡腿以尖刀划开内侧韧带处，使其容易入味且易熟。
2 将鸡腿加入所有腌料拌匀放入冰箱冷藏至隔天，使其入味备用。
3 将面衣所有材料混合拌匀后备用。
4 将鸡腿沾裹上面衣备用。
5 热一锅，放入足以淹盖鸡腿的油，待油温烧热至160℃时，放入鸡腿以中小火炸约10分钟后，捞出降温。
6 将鸡腿再度放入油锅中，以160℃的油温炸至外表酥脆金黄，即可捞出沥油。

44 脆烧炸鸡翅

材料

鸡翅…………… 3个
市售油饭…… 200克

调味料

酱油………… 3大匙
盐……………1/6小匙
鸡精…………1/4小匙
蚝油…………1/2小匙
胡椒粉………1/6小匙
香油………… 1小匙
五香粉………1/4小匙

做法

1 鸡翅洗净放入大碗中，加入所有调味料拌匀并腌渍约24小时备用。
2 将鸡翅的中骨取出，分别填入约八分满的市售油饭，再以牙签将开口封好。
3 锅中倒入适量色拉油烧热至约180℃，放入鸡翅以中大火炸约4分钟即可。

45 辣味脆皮炸鸡

材料

大鸡腿………… 2个
鸡蛋（取蛋液） 1个
低筋面粉……… 少许
脆浆粉……… 2大匙
水……………… 少许
色拉油……… 1小匙
小辣椒………… 1个

腌料

洋葱片………… 50克
姜片…………… 50克
葱……………… 1根
花椒粉……… 1小匙
小辣椒………… 4个
黑胡椒粉……… 少许
酒……………… 少许
鸡精…………… 少许
盐……………… 少许
香油………… 1小匙

做法

1 将大鸡腿洗净切块，再用所有腌料腌约30分钟至入味备用。
2 将脆浆粉、蛋液、水及切成丁状的小辣椒调合成糊状，再加上1小匙色拉油拌匀。
3 在大鸡腿上拍少许低筋面粉，再裹上做法2的面糊。
4 起锅，倒入适量油，以中火烧热，放入大鸡腿后，随即转小火炸约4分钟，再转回中火炸约1分钟至表面呈金黄色即可。

46 美式炸鸡翅

材料

鸡翅…………… 3个
面包粉………… 适量
椒盐粉………… 适量

面糊

低筋面粉…… 6大匙
玉米粉……… 2大匙
水………… 250毫升
鸡蛋…………… 1个

椒盐粉

材料：
黑胡椒粉……… 2大匙
盐……………… 2大匙

做法：
将所有材料放入小碗中混合拌匀即可。

做法

1 将低筋面粉、玉米粉放入大盆中混合均匀，以水调成糊状。
2 将鸡蛋打入碗中搅匀，再加入做法1中搅拌均匀成面糊。
3 将鸡翅洗净，放入面糊中沾裹均匀。
4 再将鸡翅沾裹一层面包粉备用。
5 锅中倒入适量色拉油烧热至180℃，慢慢将沾裹好的鸡翅放入。
6 以中大火炸至鸡翅表面金黄酥脆时，捞起沥油，食用时蘸椒盐粉即可。

47 原味吮指炸鸡

材料

鸡腿…………… 2个
脆浆粉……… 1小匙

腌料

洋葱片………… 50克
姜片…………… 50克
生抽………… 1小匙
胡椒粉………… 少许
鸡精…………… 少许
酒…………… 1小匙

做法

1 将鸡腿洗净，以所有腌料腌约30分钟至入味备用。
2 将腌好的鸡腿与脆浆粉一起搅拌，使鸡腿表面均匀裹上一层薄薄的脆浆粉。
3 取锅，倒入约1/2锅的油量，以中火烧热后，放入鸡腿，随即转小火炸约3分钟，再转为中火炸1分钟至表面呈金黄色即可。

Tips.料理小秘诀

“生抽”指的是淡色酱油，另外还有“老抽”，指的是深色酱油。生抽颜色虽然较淡，但其咸味却比老抽来得重，因此一般烹调时，常会以少量生抽来调味或用来作蘸料，若是卤煮食物则以老抽为宜，其功能在于为食物调色、配色。

48 芦笋鸡卷

材料

去骨鸡腿……… 1个
盐…………… 1小匙
白胡椒粉……… 少许
火腿片………… 1片
芦笋…………1/2根
铝箔纸………… 1张
面粉…………… 适量
蛋液…………… 少许
面包粉………… 适量

调味料

黄芥茉酱…… 2大匙
绿芥茉酱…… 1大匙

做法

1 将去骨鸡腿的皮朝下铺开，加入盐、白胡椒粉调味，然后依序摆上火腿片、芦笋后一起卷起来，放置于铝箔纸上卷成像糖果的圆筒状，放入蒸笼以大火蒸煮8分钟使其定型。
2 取出做法1的材料，拆开铝箔纸后，依序沾裹上面粉、蛋液、面包粉，然后放入油温约为170℃的油锅中，以中小火炸8分钟即可取出装盘。
3 食用的时候，依个人的喜好加入黄芥茉酱与绿芥茉酱即可。

Tips.料理小秘诀

将去骨鸡腿用铝箔纸卷成糖果状，目的只是要定型，因此放入蒸笼里并不需要将鸡肉蒸煮到全熟。

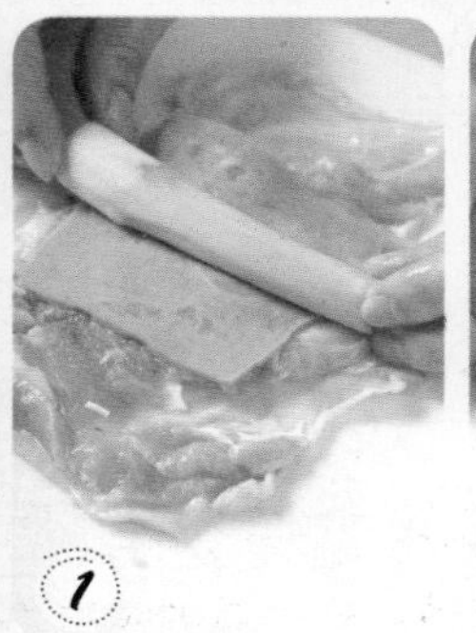
1

2

3

4

5

49 柠檬鸡

材料

无骨鸡胸肉… 250克
盐…………… 1小匙
白胡椒粉……… 少许
米酒………… 1大匙
蛋液……………… 少许
淀粉………… 100克
面粉……………50克
水淀粉………… 适量

调味料

糖…………… 2大匙
柠檬汁……… 3大匙
水…………… 6大匙
香油…………… 少许

做法

1 无骨鸡胸肉洗净后切片，加入盐、白胡椒粉、米酒、蛋液一起腌渍。
2 将腌好的鸡肉片沾裹上混匀的淀粉与面粉，然后放入油温为180℃的油锅中，以中火炸1分钟后取出备用。
3 将所有调味料一起混合煮开后，加入水淀粉勾薄芡，即为酱汁。
4 倒入鸡肉片均匀沾裹酱汁即可盛盘。

Tips.料理小秘诀

鸡肉片腌渍的时候加上少许的蛋液，食用的时候其口感会更加滑嫩可口。

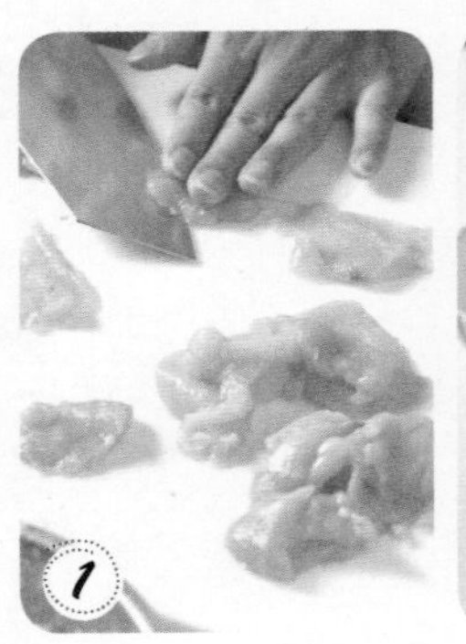

50 七里香

材料

鸡屁股………… 15个
市售卤包……… 1个
竹签…………… 3支

调味料

A 水 ……1500毫升
酱油…… 100毫升
冰糖……… 2大匙
白胡椒粉…… 少许
米酒……… 3大匙
B 胡椒盐…… 1小匙

做法

1 将鸡屁股拔除余毛后洗净备用。
2 取一汤锅，加入市售卤包和调味料A，大火煮开后放入处理好的鸡屁股，以小火卤约40分钟后捞出。
3 待鸡屁股放凉后，分切成适当的小块状，再以大小取舍5~6个串成一串。
4 将串好的鸡屁股放入180℃的热油中以中火炸约4分钟，至外观呈酥脆状时捞出沥油，并趁热撒上胡椒盐即可。

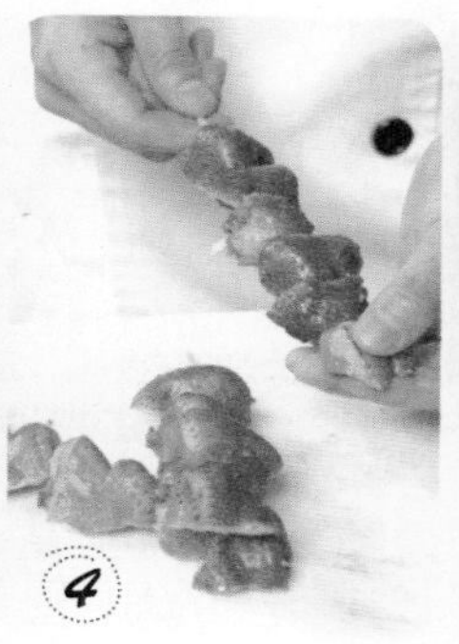

51 卤棒棒腿

材料

棒棒腿………… 6个
米酒………… 30毫升
台式卤汁……… 适量

做法

1 棒棒腿洗净备用。
2 取一锅，加入约六分满的水煮至滚沸后，放入棒棒腿。
3 待水再次滚沸时，捞起棒棒腿放入冷水中清洗干净。
4 将台式卤汁及米酒倒入锅中煮滚，放入棒棒腿煮至卤汁再次滚沸（卤汁的分量要能完全腌盖过棒棒腿），改转小火卤15分钟后关火。
5 让棒棒腿继续浸泡20分钟，捞起待冷却后，加少许放凉的卤汁，放入冰箱冷藏即可。

台式卤汁

香料：
桂皮15克、八角5克、小茴3克、花椒粒4克、丁香5克

辛香料：
葱2根、姜15克、蒜头5个

卤汁：
酱油300毫升、香菇素蚝油100毫升、冰糖100克、水1500毫升

做法：
1 葱洗净切段；姜洗净拍扁；蒜头去膜拍扁备用。
2 取一炒锅，加少许色拉油（分量外），爆香葱段、姜块和蒜头炒至略焦黄。
3 加入酱油和香菇素蚝油炒香。
4 续加入冰糖和水。
5 香料稍微冲水沥干，放入卤包袋中备用。
6 将卤包放入锅中煮至滚沸，改转小火煮约15分钟，让香料释放出香味即为台式卤汁。

52 茄汁卤鸡块

材料

鸡胸肉500克、黄甜椒1/2个、洋葱1/4个、蒜头3颗、番茄1个

腌料

姜片3片、葱1根（切末）、酱油30毫升、糖20克、白胡椒3克、米酒20毫升、面粉50克

卤汁

番茄酱200克、A1酱20克、糖20克、白醋20毫升、盐5克、鸡高汤150毫升（做法见P11）

做法

1 鸡胸肉洗净切块；黄甜椒和洋葱洗净切块；蒜头去皮切片；番茄洗净切丁，备用。
2 将鸡肉块和混合拌匀后的腌料抓匀腌30分钟。
3 取一油锅，将鸡肉块放入炸至外观金黄，捞起沥油备用。
4 另取锅，倒入2大匙油烧热，放入洋葱块和蒜片炒香，再加入番茄丁炒匀。
5 续将鸡肉块和卤汁材料加入锅中拌炒均匀后，改以小火卤至略收汁前，再放入黄甜椒块炒熟即可。

53 红曲卤鸡肉

材料

鸡胸肉……… 300克
红、黄甜椒…各1/2个
蘑菇…………… 4朵
蒜头…………… 5颗
小黄瓜………… 1条

调味料

酱油……… 100毫升
蚝油…………… 30克
糖……………… 2大匙
米酒………… 30毫升
红曲酱………1.5大匙
水………… 500毫升

做法

1 鸡胸肉洗净切块；红、黄甜椒洗净切块；蘑菇洗净对切；小黄瓜洗净切滚刀块备用。
2 热锅，加入1大匙油，放入蒜头炒香后，再加入鸡肉块炒至上色。
3 续于锅中加入所有调味料和红、黄甜椒块以及蘑菇和小黄瓜块，煮至滚沸后，改转小火煮至汤汁略收即可。

54 卤鸡翅

材料

鸡翅………… 600克
米酒…………30毫升
辣味卤汁……… 适量

做法

1 鸡翅洗净备用。
2 取一锅，加入约六分满的水煮至滚沸后，放入鸡翅。
3 待水再次滚沸时，捞起鸡翅放入冷水中清洗干净。
4 将辣味卤汁及米酒倒入锅中煮滚，放入鸡翅煮至卤汁再次滚沸（卤汁的分量要能完全腌盖过鸡翅），改转小火卤15分钟后，关火泡凉捞起。
5 将放凉的鸡翅加入少许放凉的卤汁，再放入冰箱冷藏即可。

55 鸡爪冻

材料

鸡爪………… 600克
米酒…………30毫升
辣味卤汁……… 适量

做法

1 鸡爪剁去尖爪，划开表皮，从中剁断骨头后，去骨洗净备用。
2 取一锅，加入约六分满的水煮至滚沸后，放入鸡爪。
3 待水再次滚沸时，捞起鸡爪放入冷水中清洗干净。
4 将辣味卤汁及米酒倒入锅中煮滚，放入鸡爪煮至卤汁再次滚沸（卤汁的分量要能完全腌盖过鸡爪），改转小火卤20分钟后，关火泡凉捞起。
5 将放凉的鸡爪，加入少许放凉的卤汁，再放入冰箱冷藏即可。

辣味卤汁

香料：
桂皮15克、八角5克、小茴3克、花椒粒4克、丁香5克

辛香料：
新鲜红辣椒4个、葱2根、姜15克、蒜头30克、豆瓣酱2大匙

卤汁：
酱油250毫升、冰糖120克、水1500毫升

做法：
1 红辣椒洗净切片；葱洗净切段；姜洗净拍扁；蒜头去膜拍扁备用。
2 取一锅，加入少许色拉油（分量外），爆香红辣椒片、葱段、姜块和蒜头炒至略焦黄。
3 续放入酱油、豆瓣酱、冰糖和水。
4 香料稍微冲水沥干，放入卤味袋中备用。
5 将卤包放入锅中煮至滚沸，改转小火煮约15分钟，让香料释放出香味即为辣味卤汁。

56 卤鸡心·鸡胗·鸡肝

* 材料 *

鸡心………… 300克
鸡胗………… 300克
鸡肝………… 300克
米酒………… 30毫升
焦糖卤汁……… 适量
（做法见P283）

* 做法 *

1 将鸡心、鸡胗、鸡肝中的血管、脂肪去除后，洗净备用。
2 取一锅，加入约六分满的水煮至滚沸后，放入鸡心、鸡胗、鸡肝。
3 待水再次滚沸时，捞起鸡心、鸡胗、鸡肝放入冷水中清洗干净。
4 将焦糖卤汁及米酒倒入锅中煮滚，放入鸡胗煮至卤汁再次滚沸（卤汁的分量要能完全腌盖过食材），改转小火卤10分钟，接着放入鸡心煮约10分钟，再放入鸡肝煮10分钟后关火，待卤汁完全冷却后，再将鸡胗、鸡心、鸡肝捞起。
5 将放凉的鸡胗、鸡心、鸡肝，加入少许放凉的卤汁，再放入冰箱冷藏即可。

57 左公鸡

材料

鸡腿………… 500克
洋葱……………1/2个

腌料

酱油………… 1茶匙
淀粉………… 1茶匙

辛香料

红辣椒………… 1个
葱………………… 1根
蒜末………… 1大匙

调味料

酱油………… 1大匙
糖…………… 1大匙
白醋………… 1大匙
番茄酱……… 1大匙
水…………… 60毫升

做法

1 鸡腿剁小块，加入所有腌料拌匀；洋葱洗净切片；红辣椒、葱洗净切段备用。
2 取锅加入适量油烧热，放入腌好的鸡腿块，以小火炸5分钟后捞出，并将油倒出。
3 重新加热原锅，放入蒜末、洋葱片、红辣椒段与葱段略炒。
4 加入所有调味料，以及炸好的鸡腿块，以小火煮约15分钟，最后放入蒜末，续煮约1分钟即可。

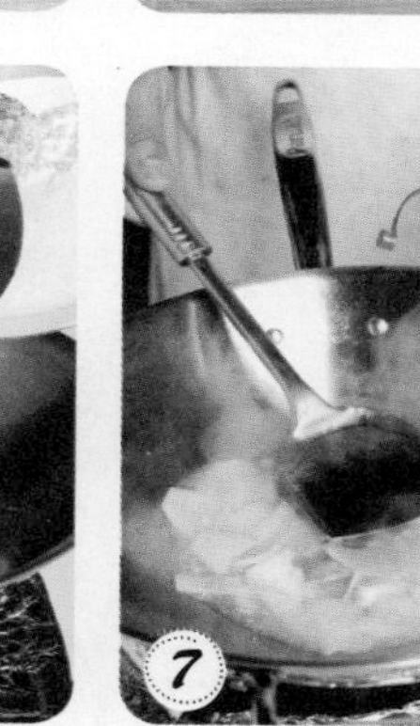

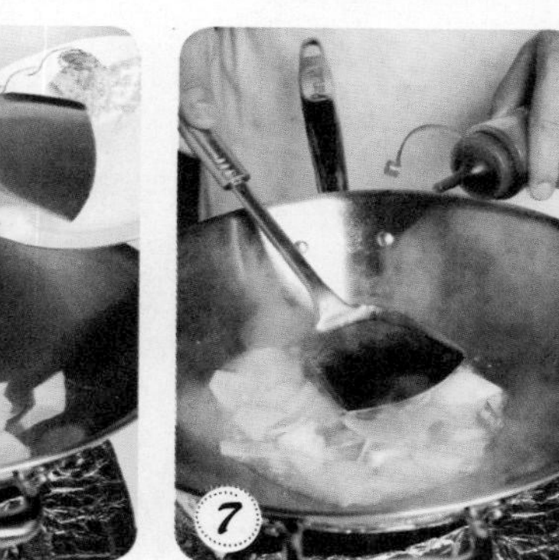

58 辣味腐乳炖鸡

材料

鸡翅………… 300克
洋葱块………… 30克
葱段…………… 10克
上海青………… 30克

调味料

豆腐乳……… 3大匙
鸡高汤…… 500毫升
（做法见P11）
糖……………1/2大匙

做法

1 鸡翅切大块，放入滚水中汆烫去血水，捞起冲水洗净备用。
2 取锅炒香洋葱块和葱段，放入炖锅中，再加入鸡翅、调味料以小火炖煮约10分钟。
3 将洗净的上海青放入炖锅内，盖上锅盖焖约1分钟即可。

59 油豆腐沙茶烧鸡

材料

鸡腿………… 300克
油豆腐……… 200克
干香菇………… 6朵
蒜末…………1/2小匙
葱花…………1/2小匙

调味料

沙茶酱………1/2大匙
酱油…………1/2小匙
糖……………1/4小匙
酒…………… 1大匙
鸡高汤…… 300毫升
（做法见P11）

做法

1 鸡腿切块，放入滚水中汆烫去血水，捞起冲水洗净备用。
2 油豆腐放入滚水中汆烫一下，捞起备用。
3 干香菇泡温水后捞起。
4 取锅炒香蒜末，放入炖锅中，再加入鸡腿块、调味料、油豆腐和干香菇以小火炖煮约10分钟，撒上葱花即可。

60 甜酱油炖鸡块

材料

鸡肉块……… 400克
胡萝卜……… 100克
洋葱…………… 80克
芹菜…………… 30克
水………… 300毫升
蒜末………… 1大匙
淀粉………… 1大匙
姜……………… 3片

调味料

南洋甜酱油… 2大匙
酱油……… 2大匙
酒……… 3大匙

做法

1 鸡肉块冲水洗净，加入淀粉拌匀，放入油锅中炸至表面干脆，捞起沥油。
2 胡萝卜洗净切丁；洋葱洗净切片；芹菜洗净切片备用。
3 取锅，爆香蒜末，加入鸡肉块和调味料煮10分钟。
4 接着加入其余的材料煮5分钟即可。

61 烧卤鸡块

材料

鸡腿…………… 1个
胡萝卜…………1/2根
鲜香菇………… 4朵
豌豆…………… 适量
葱段…………… 1根
水………… 300毫升

调味料

酱油………… 50毫升
蚝油………… 30毫升
糖……………… 2大匙
米酒………… 30毫升

做法

1 鸡腿洗净切块；胡萝卜洗净切滚刀块；鲜香菇洗净分切四等份备用。
2 热锅加入1大匙油，放入鸡腿块炒至上色，再放入做法1中其余的材料略拌炒。
3 热锅倒入2大匙油，放入葱段爆香至微焦，放入所有调味料炒香后，移入深锅加入水煮至滚沸，即为烧卤卤汁。
4 续于做法2锅中加入300毫升烧卤卤汁煮至沸腾后，改转小火煮至汤汁略收，再放入豌豆角装饰即可。

62 白果烧鸡翅

材料

大鸡翅………… 3个
红辣椒………… 1个
姜……………… 15克
葱……………… 1根
白果………… 150克

腌料

酱油膏……… 1大匙

调味料

香菇精………1/4小匙
酱油膏……… 1大匙
蚝油………… 1大匙
糖…………… 1大匙
米酒………… 1大匙
陈醋…………1/4大匙
香油…………1/4大匙
鸡高汤………… 2杯
（做法见P11）

做法

1 红辣椒洗净、剖开去籽、切片；姜洗净、去皮、切片；葱洗净、切段；白果洗净，稍微汆烫后捞出泡凉备用。
2 将大鸡翅洗净，分切成两段后，先将肉厚的地方划一刀，再放入碗中加入腌料拌匀腌15分钟。
3 锅中倒入适量油烧热，放入鸡翅，以中火炸至外皮干酥，捞起沥油。
4 炒锅中倒入1大匙油烧热，放入红辣椒片、姜片与葱段爆香，再加入全部的调味料与白果以大火煮滚，续放入鸡翅，改小火煨烧至入味即可。

63 日式咖喱鸡

材料

鸡腿……………… 1个
土豆………… 100克
胡萝卜………… 50克
洋葱……………… 40克
苹果……………… 30克
水………… 500毫升
色拉油……… 2大匙
面粉………… 2大匙
水淀粉………… 适量

腌料

咖喱粉……… 1大匙
盐……………… 1小匙

调味料

咖喱粉……… 3大匙
盐……………… 1小匙
糖……………… 2小匙

做法

1 将鸡腿洗净后用刀剁成小块，再用腌料腌约30分钟。
2 土豆和胡萝卜分别洗净切滚刀块；洋葱洗净切片，备用。
3 将苹果、水一起放入果汁机中搅匀成苹果汁备用。
4 取一锅，加入色拉油热锅，放入面粉和咖喱粉以小火炒香，再放入鸡腿块、土豆块、胡萝卜块、洋葱片，以中火炒1分钟。
5 继续加入苹果汁和盐、糖调味，转中火煮6分钟，起锅前再加入水淀粉勾芡即可。

64 泰式椰汁咖喱鸡

材料

仿土鸡肉…… 200克
洋葱片………… 30克
香茅…………… 2根
泰国柠檬叶…… 2片
水………… 100毫升
椰奶……………1/2罐

调味料

红咖喱……… 1茶匙
盐……………1.5茶匙
糖……………1/2茶匙

做法

1 鸡肉剁小块，放入滚水中汆烫去血水，再捞出洗净，备用。
2 热锅，加入1茶匙油，放入红咖喱以小火炒香，再加入鸡肉块炒约2分钟。
3 锅中续加入水、盐、糖、香茅、泰国柠檬叶，煮约5分钟，接着加入椰奶续煮约10分钟，最后加入洋葱片煮约2分钟即可（盛盘后可另加入罗勒装饰）。

65 辣味椰汁鸡

材料

去骨鸡腿肉…… 200克
红辣椒………… 1个
葱……………… 1根
柠檬…………… 1个
鸡高汤…… 150毫升（做法见P11）
椰奶………… 30毫升
沙嗲酱………… 3匙
奶油…………… 适量

调味料

盐……………… 适量
胡椒粉………… 适量

做法

1 去骨鸡腿肉切块，加入少许盐和胡椒粉（分量外）抓匀备用。
2 热锅，放入少许奶油加热至奶油融化，放入去骨鸡腿肉块煎至上色。
3 红辣椒、葱洗净切片；柠檬洗净，刮下柠檬皮后再取柠檬汁，备用。
4 热锅，加入少许奶油，放入红辣椒片、葱片炒香，加入去骨鸡腿肉块略炒。
5 再加入沙嗲酱炒香，加入鸡高汤、柠檬汁、柠檬皮以及椰奶，以小火炖煮约20分钟，再加入调味料拌匀即可。

Tips.料理小秘诀

仿土鸡、肉鸡、乌鸡，有何不同

市面上贩售的鸡大致可分为：肉鸡、仿土鸡、土鸡、乌鸡，鸡的肉质也会随着鸡的年龄有鲜嫩、软、硬的差别。仿土鸡的肉质较坚实、纤维也较细，吃起来很有嚼劲，很适合利用炖煮或蒸煮的烹调方式来料理。肉鸡的烹调方式并不适合久炖，因为鸡肉的肉质会太烂，肉鸡最适合的料理方式是以油炸、烧烤或切丁热炒。乌鸡的肉质很鲜嫩，脂肪含量远低于肉鸡，蛋清质的含量却高过肉鸡，热量也没有肉鸡多，最适合炖鸡汤或和药材一起做食补。

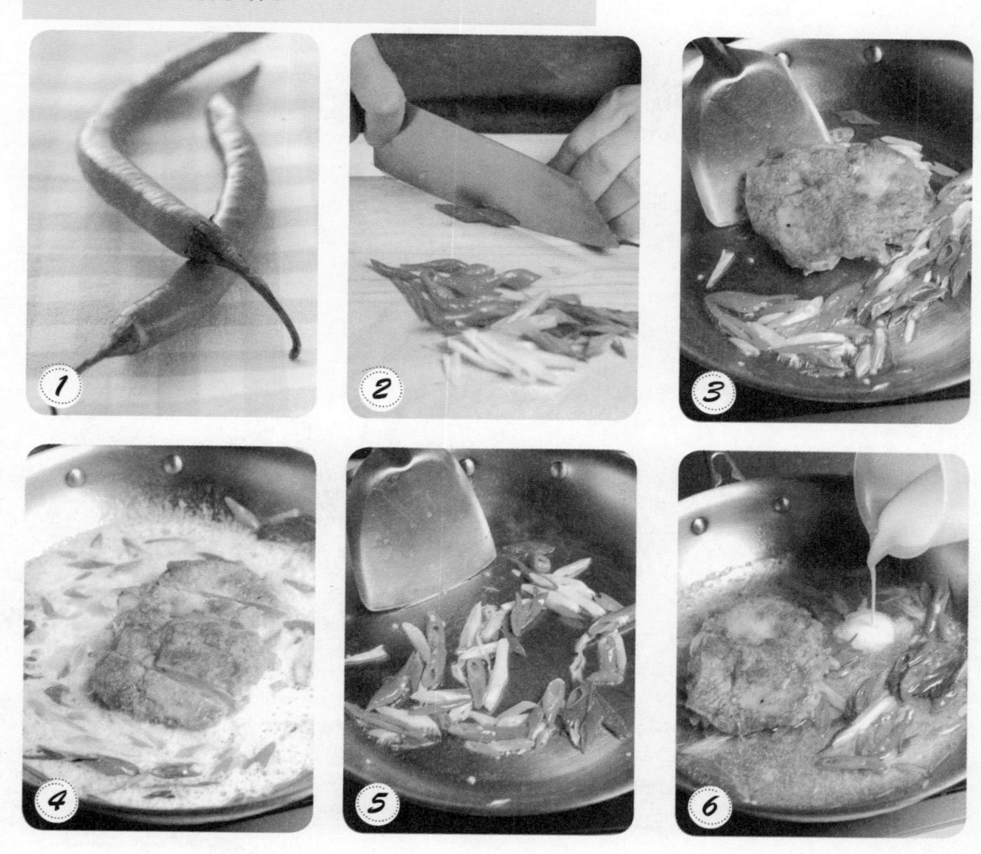

66 黄花菜木耳炖鸡

材料

鸡腿…………… 2个
木耳……………40克
干黄花菜……… 15克
甜豆…………… 6根
蒜末…………1/2小匙
甜面酱……… 1小匙
鸡高汤…… 500毫升
（做法见P11）
淀粉………… 1大匙

调味料

蚝油………… 1大匙
盐……………1/4小匙
糖……………1/2小匙
胡椒粉………1/2小匙
香油………… 1小匙

做法

1 鸡腿切块，冲水洗净，加入淀粉拌匀，放入油锅中炸至表面干脆，捞起沥油。
2 木耳泡入水中至涨发后，去蒂头；干黄花菜泡入水中至涨发后，去蒂头备用。
3 取锅，将蒜末和甜面酱爆香，放入炖锅中，再加入鸡高汤、鸡腿块煮5分钟。
4 续加入木耳和黄花菜、全部的调味料、甜豆煮3分钟即可。

67 勃根地红酒鸡

材料

培根…………… 2片
鸡腿…………… 2个
色拉油……… 1大匙
洋葱末…………30克
蒜末………… 2大匙
鸡高汤…… 200毫升
（做法见P11）
勃根地红酒 300毫升
百里香……… 1小匙
月桂叶………… 1片
蘑菇…………… 5朵
奶油………… 2大匙
盐…………… 1小匙
白胡椒粉……… 少许

做法

1 将培根切片，鸡腿洗净后切块。取一锅，加入色拉油热锅后，以中火煎脆培根片备用。
2 利用锅中的剩油，继续将鸡腿块煎至表面焦黄，取出备用。
3 将洋葱末、蒜末放入锅中，以小火炒香后，再加入红酒、鸡高汤、百里香、月桂叶一起煮滚，然后加入鸡腿块与培根片，并盖上锅盖，转小火炖煮约20分钟。
4 加入蘑菇，继续炖煮10分钟至鸡肉熟烂。
5 从锅中取出鸡肉，并丢弃月桂叶，只留下汤汁，然后转大火将汤汁煮至略收干呈浓稠状，加入奶油、盐及白胡椒粉调味，再将鸡肉回锅拌匀即可。

68 迷迭香番茄炖嫩鸡

材料

鸡腿………… 400克
芹菜……………… 20克
胡萝卜………… 30克
番茄………… 100克
土豆………… 200克
豌豆……………… 10克
橄榄油……… 1大匙

调味料

迷迭香………1/2大匙
番茄丁……… 100克
海盐………… 1小匙
鸡高汤……2000毫升
（做法见P11）

做法

1 将鸡腿、芹菜、胡萝卜、番茄、土豆分别洗净切块；豌豆角洗净烫熟，备用。
2 取一炖锅，倒入橄榄油，将鸡腿块下锅煎至金黄色。
3 续于锅内放入做法 1 的其余材料（豌豆除外）及所有调味料，以小火炖煮约25分钟。
4 最后放入烫熟的豌豆配色即可。

Tips.料理小秘诀

如果希望呈现更浓稠的口感，可以将土豆块先略炸再去炖，将更加释放淀粉质，增加糊化的程度。

69 香油鸡

材料

仿鸡肉块……1200克
老姜片……… 120克
黑香油……… 3大匙
水…………2000毫升

调味料

米酒……… 500毫升
鸡精………… 1小匙

做法

1 仿鸡肉块洗净，沥干备用。
2 热锅，加入黑香油后，再放入老姜片以小火爆香至姜片边缘有些微焦干。
3 续放入仿鸡肉块，以大火翻炒至变色，再加入米酒炒香后，加水以小火煮约30分钟。
4 最后再加入鸡精略煮匀即可。

Tips.料理小秘诀

黑香油颜色呈深褐色，比白香油更深黑，属性较热，因此黑香油通常拿来作为进补使用，可用来滋补、调养、强身，或用于制作香油鸡、烧酒鸡、三杯鸡等料理。黑香油对女性而言，是孕期养身的一大补品，也是女人产后坐月子的必需品。因香油属较燥热、易上火之食物，因此若感冒、发热、咳嗽或喉咙发炎者，应避免食用香油制品，否则容易使体内热气更多，导致喉咙更加难受，让喉咙有紧缩之感。

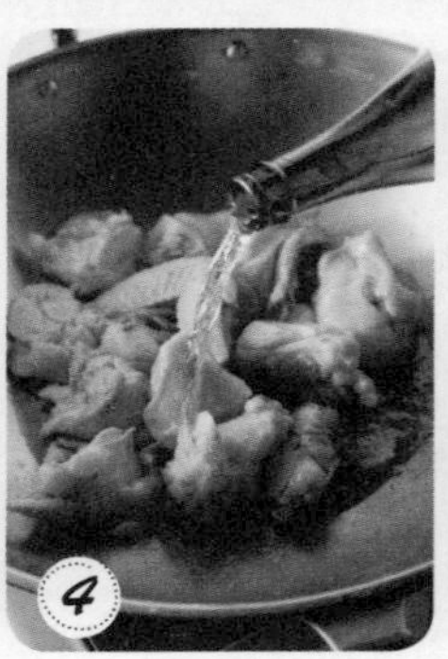

70 烧酒鸡

材料

土鸡……………1/2只
当归…………… 5克
黄芪…………… 少许
广皮…………… 少许
枸杞子………… 少许
红枣…………… 2颗

调味料

烧酒…………… 适量
盐……………… 少许

做法

1 将土鸡洗净后切块，再过水汆烫备用。
2 取一锅，把所有材料与鸡肉同时放入锅中，将烧酒倒入锅中至盖满食材为止，以大火煮开之后，在汤的表面点火烧至无火，加入盐再转小火炖煮30分钟至熟烂即可。

Tips.料理小秘诀

米酒燃烧完酒精之后，汤头会变成甘甜的米香味，而没有刺激性强的酒味出现。

71 上汤鸡

材料

白斩鸡…………1/2只
（做法见P71）
青菜………… 100克
鸡高汤…… 300毫升
（做法见P11）
水淀粉………1.5大匙

调味料

盐…………… 1茶匙
鸡精…………1/2茶匙
糖……………1/4茶匙

做法

1 将白斩鸡剁开，摆盘备用。
2 取锅，倒入鸡高汤以小火加热至滚，将青菜放入烫熟后，捞出冲凉备用。
3 原锅中加入所有调味料拌匀，煮至滚沸，将剁盘的鸡肉放置锅边，以大汤勺舀起热鸡汤徐徐淋在鸡肉上，重覆此动作约10次。
4 再将做法3的鸡汤倒入锅中，以水淀粉勾芡。
5 在鸡肉盘周围围上烫熟的青菜，最后淋上适量勾芡好的鸡汤汁即可。

72 鸡肠旺

* 材料 *

鸡胗………… 100克
鸡血……………… 1块
鸡肠………… 120克
酸菜……………… 40克
芹菜………… 100克
蒜头……………… 2颗
姜………………… 5克
干辣椒………… 适量
笋片……………… 25克
色拉油……… 2大匙
花椒…………1/2茶匙

* 调味料 *

辣椒酱……… 1大匙
黄豆酱……… 1大匙
鸡高汤…… 300毫升
（做法见P11）
糖……………1/2茶匙
水淀粉……… 1大匙
香油………… 1茶匙

* 做法 *

1 鸡胗洗净，以交叉划十字的方式切花；鸡血洗净切小块；鸡肠洗净切小段；酸菜洗净切片；芹菜洗净拍扁切小段；蒜头、姜洗净切片备用。
2 整条的干辣椒以剪刀剪成小段备用。
3 将鸡胗、鸡血、鸡肠、酸菜和笋片放入滚水中汆烫约30秒后，捞起沥干水分备用。
4 热锅，倒入2大匙色拉油后，先放入蒜头片、姜片及干辣椒，以小火爆香，再将辣椒酱、黄豆酱及花椒加入锅中，以小火拌炒至油变红且有香味溢出后，再加入鸡高汤续煮至滚沸，放入做法3的材料及芹菜段、糖，以小火滚煮约1分钟后，再将水淀粉慢慢倒入锅中勾芡并搅拌均匀。
5 起锅前再淋上香油即可。

73 白斩鸡

* 材料 *

土鸡1只（约1500克）
姜片……………… 3片
葱段……………… 10克

* 调味料 *

米酒………… 1大匙

* 蘸酱 *

鸡汤……… 150毫升
（制作过程中产生）
素蚝油……… 50毫升
酱油膏………… 少许
糖………………… 少许
香油……………… 少许
蒜末……………… 少许
红辣椒末……… 少许

* 做法 *

1 土鸡洗净、去毛，沥干后放入沸水中汆烫，再捞出沥干，重复上述动作3~4后，取出沥干备用。
2 将鸡放入装有冰块的盆中，将整只鸡外皮冰镇冷却，再放回原锅中，加入米酒、姜片及葱段，以中火煮约15分钟后熄火，盖上盖子续闷约30分钟。
3 取做法2中150毫升的鸡汤，加入其余蘸酱调匀，即为白斩鸡蘸酱。
4 将做法2的鸡肉取出，待凉后剁块盛盘，食用时搭配白斩鸡蘸酱即可。

1

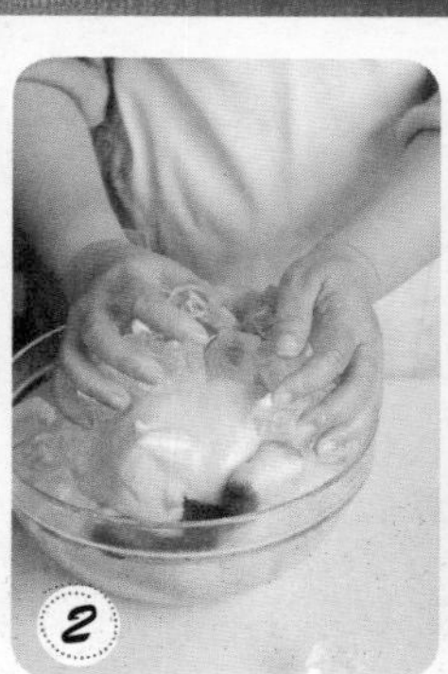
2

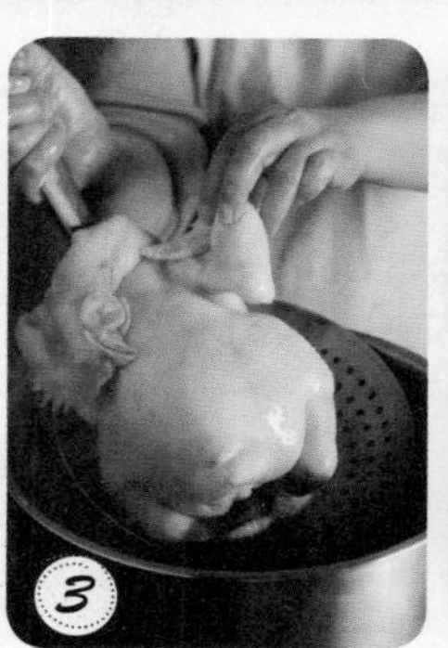
3

4

5

74 葱油鸡

材料

A 土鸡 ………1/2只
姜片………… 2片
葱段………… 5克
B 姜…………… 30克
葱…………… 3根
红辣椒………1/2个
色拉油……1.5大匙

调味料

鸡汤………… 2大匙
（制作过程中产生）
盐…………… 1茶匙
鸡精…………1/4茶匙

做法

1 土鸡洗净、拭干水分，备用。
2 材料B中的葱、姜、红辣椒分别洗净切丝，泡冷水约5分钟，再捞起沥干，备用。
3 取一汤锅，装入半锅水，再加入姜片、葱段煮滚，放入土鸡，转小火煮约30分钟后取出待凉，备用。
4 取做法3的鸡汤2大匙，加入盐、鸡精拌匀成调味汁，备用。
5 做法3的鸡待凉后，将其剁块盛入盘内，再淋上做法4的调味汁，接着摆上做法2的材料，最后将色拉油以小火加热后，淋在鸡肉上即可。

75 咸水鸡

材料

母鸡1只（约1200克）
胡椒粒………… 10克
姜片…………… 10克
葱段…………… 10克
水…………2500毫升

调味料

盐…………… 1茶匙
鸡精…………1/4茶匙

做法

1 母鸡去毛、洗净；胡椒粒、姜片、葱段装入棉袋中，备用。
2 取一锅，放入母鸡，加入2500毫升水，再放入棉袋，用大火煮滚后，盖上盖子、转小火续煮约30分钟。
3 将做法2的鸡放入装有冰块的盆中，用冰块将整只鸡外皮冰镇冷却，再放回做法2的原锅中，加入所有调味料煮滚后熄火，浸泡约30分钟入味后取出，依部位分切开即可。

76 醉鸡

* 材料 *

仿土鸡腿（去骨）1个

* 腌料 *

盐…………… 2茶匙
枸杞子……… 1茶匙
绍兴酒…… 250毫升
米酒……… 100毫升

* 做法 *

1 鸡腿肉内侧撒入1/2茶匙的盐（分量外）抹匀，再将鸡腿内侧卷在里面、鸡皮朝外，卷成圆筒状，最外侧再用铝箔纸包裹，并将两头扎紧，备用。
2 将做法1放入滚水中，以小火煮约20分钟，熄火浸泡10分钟后再取出，放入冰水中冰镇至完全凉透，取出拆除铝箔。
3 取做法2煮鸡的汤150毫升再次煮滚，加入盐、枸杞子拌匀待凉后，加入绍兴酒及米酒，再放入做法2的鸡肉浸泡约6小时至入味，食用前切片盛盘即可。

Tips.料理小秘诀

鸡肉卷起来后用铝箔纸包好，这样鸡肉熟了之后就会定型，里面的肉汁会保留在里面，卷的时候可以借由寿司竹帘辅助会更好包卷。此外同时使用两种酒，是因为米酒味道较呛，而料酒口味较浓，二者中和口感较顺口。

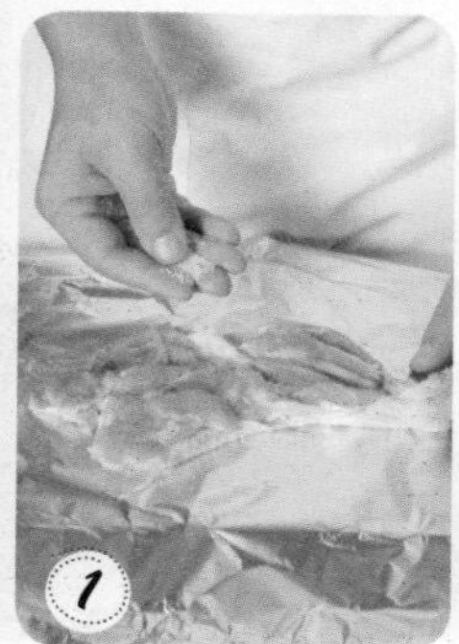

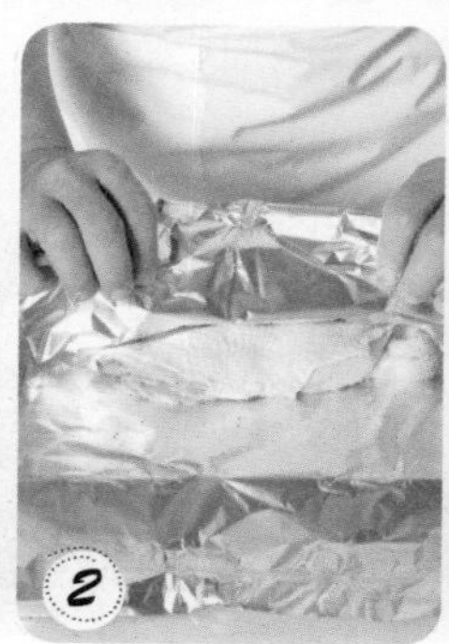

77 玫瑰油鸡

* 材料 *

鸡腿450克、葱段1根、姜片10克、红辣椒1个、麦芽糖2大匙

* 调味料 *

酱油200毫升、糖2大匙、盐1大匙、米酒3大匙、水2000毫升

* 卤料 *

八角2粒、甘松1小匙、草果3粒、花椒1小匙、甘草5片、陈皮1小匙

* 做法 *

1 热锅，加入适量色拉油，放入葱段、姜片、红辣椒炒香，再加入所有卤料及所有调味料一起拌煮匀，用小火焖煮约20分钟。

2 鸡腿洗净，放入做法1的锅内，用小火煮约10分钟后熄火，续焖约20分钟，再捞起均匀刷上薄薄一层麦芽糖即可。

78 油葱鸡

* 材料 *

土鸡腿………… 2个（约450克）
红葱头………… 50克
洋葱…………… 30克
蒜头…………… 30克

* 调味料 *

盐……………… 1大匙
糖……………… 1小匙
米酒…………… 1大匙
香油…………… 1大匙

* 做法 *

1 鸡腿洗净，入锅蒸约25分钟，取出待凉后去骨，备用。

2 红葱头、洋葱、蒜头切碎，备用。

3 热锅，加入适量色拉油，放入做法2的材料炸酥，待凉后加入所有调味料拌匀，此即为油葱油。

4 将鸡腿放入油葱油中，腌渍约6小时待入味即可。

79 道口烧鸡

材料

市售烤鸡………1/2只
小黄瓜………… 1条
香菜…………… 少许

淋汁

蒜末………… 1茶匙
红椒末………1/2茶匙
白醋………… 2大匙
醋…………… 1茶匙
糖…………… 2茶匙
酱油………… 1大匙
香油………… 1茶匙
花椒油………1/2茶匙

做法

1 小黄瓜切丝、泡入冷水中，使恢复爽脆口感，再捞起沥干盛入盘底，备用。
2 市售烤鸡待凉后去骨、切粗条，放在做法1的盘上。
3 将所有淋汁材料拌匀，淋在鸡肉上，最后再加入香菜即可。

80 椒麻口水鸡

材料

土鸡腿………… 2个
（约550克）
铝箔纸………… 1张
蒜苗丝………… 1根

调味料

A 盐 ………1/6茶匙
料酒……… 1茶匙
B 蚝油……… 1大匙
酱油……… 1茶匙
白醋……… 2茶匙
糖………… 2茶匙
凉开水…… 1大匙
辣椒油…… 2大匙
花椒粉……1/6茶匙

做法

1 土鸡腿去骨洗净后，在内侧均匀撒上调味料A，再用铝箔纸卷成圆筒状，并将开口卷紧，放入锅中蒸或煮约25分钟至熟后，放入凉开水中泡凉。
2 将所有的调味料B混合拌匀成酱汁备用。
3 将泡凉的土鸡腿铝箔纸撕除后，切片摆盘，再淋入酱汁，将蒜苗丝撒上即可。

81 海南鸡

＊材料＊

土鸡…………… 1只（约1750克）
香茅…………… 1根
月桂叶………… 6片
姜片…………… 50克
葱……………… 1根
水…………2000毫升

＊做法＊

1 将土鸡洗净剁去鸡爪，注意要从关节下方剁去，避免鸡煮熟后鸡皮向上收缩，再取出腹腔内的鸡脂肪；香茅洗净切段备用。
2 取一个容量为5升的不锈钢锅，倒入水、香茅、月桂叶、姜片、葱一起以中火煮约15分钟至滚沸。
3 土鸡从鸡颈处提起放入锅中略煮，让鸡腔内灌进滚水使内外温度一致，再提起，重覆此动作6次后，再将鸡浸入锅中。
4 将全鸡放入锅里完全让水浸泡，待水再度滚沸时转最小火，盖上锅盖煮约15分钟即熄火，再焖30分钟。
5 将全鸡取出，放入冰水里浸泡约20分钟后，取出剁盘，依自己喜好搭配蘸酱，食用前佐以适量蘸酱及搭配鸡饭即可。

鸡饭

材料：
泰国香米600克、红葱头碎20克、鸡脂肪80克、香兰叶40克、鸡汤450毫升（上述煮鸡的汤汁）

做法：
1 香米洗净，冷水浸泡约30分钟后沥干，放入电锅内锅中备用。
2 鸡脂肪汆烫后，加入放了少许色拉油的锅中，加热煸出鸡油后，滤出鸡油渣。
3 将红葱头碎放入做法2的锅中，小火炸到略呈金黄色，倒入做法1的锅中与香米混合，再放入鸡汤、香兰叶拌匀，外锅加水1杯，按下按键煮至开关跳起，再焖约5分钟即可。

82 盐焗鸡

材料

土鸡……………1/2只
酱油………… 1大匙
熟白芝麻……… 适量

腌料

葱……………… 3根
姜………………30克
红葱头………… 5粒
花椒………… 1茶匙
八角………… 1大匙
三奈粉………1/2茶匙
米酒………… 2大匙
盐…………… 2茶匙
鸡精…………1/2茶匙
糖…………… 1茶匙

做法

1 土鸡洗净、吸干水分，用小刀将腹腔侧腿部割开，以利入味，备用。
2 将葱、姜、红葱头洗净切碎，加入其余腌料一起用手搓烂，再放入土鸡搓匀腌渍约6小时至入味。
3 将土鸡连同腌料一起入锅蒸约25分钟，取出后表面均匀涂上酱油待凉，备用。
4 将蒸鸡放入烤箱中，以200℃烤至表面焦黄后取出，待凉后剁块盛入盘中，再撒上熟白芝麻增加风味即可（盛盘后可另加入葱段、绿叶装饰）。

83 怪味鸡

材料

白斩鸡…………1/2只（做法见P71）
姜末………… 1大匙
葱花………… 1大匙
辣椒粒……… 1大匙
芝麻…………… 少许
蒜味花生碎…… 20克

调味料

芝麻酱……… 1茶匙
凉开水……… 30毫升
花椒粉………1/4茶匙
酱油………… 2大匙
糖…………… 1大匙
白醋………… 1茶匙
辣油………… 1茶匙
鸡精…………1/4茶匙

做法

1 将白斩鸡切盘备用。
2 先将芝麻酱与凉开水调稀，再加入其余调味料调匀成酱汁。
3 将酱汁淋在白斩鸡上，最后撒上葱花、芝麻、辣椒粒、姜末、蒜味花生碎即可。

Tips.料理小秘诀

怪味鸡的酱汁是由多种调味料混合而成，吃起来的味道是酸、甜、麻、辣、咸五味俱全，口味非常特殊。虽然名为怪味酱，但味道不但不怪，反而十分爽口下饭！

84 熏鸡

材料

白斩鸡…………1/2只
（做法见P71）
（约700克）
甘蔗………… 150克

调味料

盐…………… 1大匙
米酒………… 2大匙

熏料

中筋面粉……… 50克
糖……………… 50克
葱……………… 2根
姜片…………… 20克
八角…………… 2粒

做法

1 甘蔗用刀背拍碎、切段；白斩鸡趁热抹上盐、米酒，备用。
2 取锅，铺上铝箔纸，再依序放入所有熏料，加上甘蔗段，放入网架后，将白斩鸡趁热放在网架上，最后盖上锅盖。
3 开大火烟熏，待锅盖边缘冒出微烟，接着冒出浓烟时，改转小火，熏4～5分钟后，熄火焖约2分钟再取出，待凉后剁块盛盘即可。

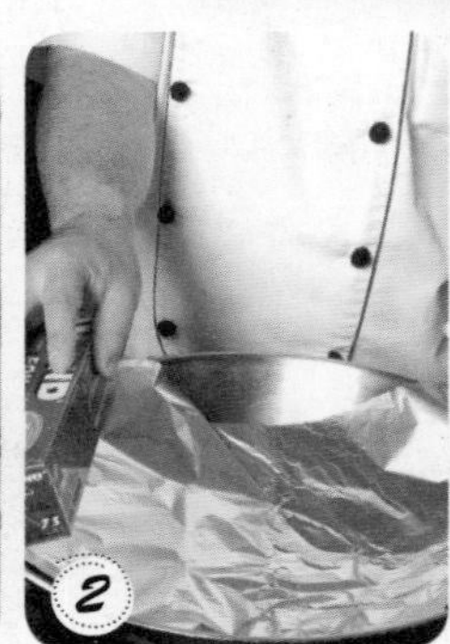

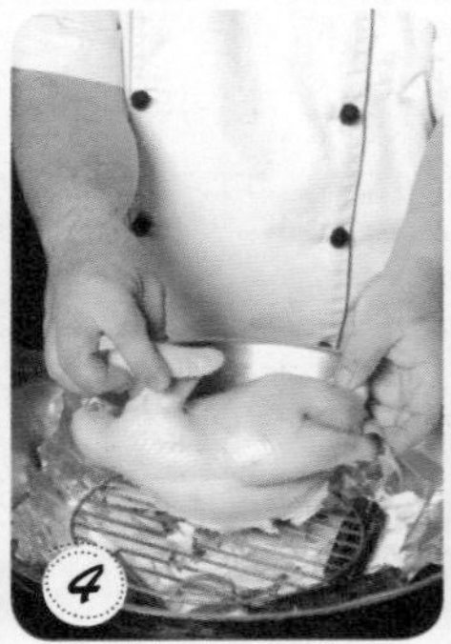

85 贵妃鸡

材料

熟土鸡………… 1只
蒜头……………… 10克
姜………………… 20克
洋葱……………1/4个
葱………………… 1根
虾米……………… 20克
干贝……………… 10克
香菇……………… 4朵
水…………3000毫升
草果……………… 3粒
甘草……………… 3克
八角……………… 6粒
山奈片………… 6克

调味料

盐……………… 2大匙
鸡精………… 1大匙
糖……………… 1茶匙
酒……………… 1大匙

做法

1 蒜头去膜切碎、姜洗净切碎；洋葱洗净切小片；葱洗净切段；虾米以清水冲洗干净备用。
2 热油锅，放入姜碎、蒜头碎炒至呈金黄色时，放入虾米爆香，再放入水及剩余材料一起以小火煮约1小时。
3 续于锅中放入所有调味料略拌匀，以中火煮至再度滚沸时，熄火放凉。
4 将熟土鸡整个放入做法3的卤汁内浸泡约6小时至入味，食用前取出剁盘即可。

86 红油鸡

材料

白斩鸡…………1/2只
（做法见P71）
葱………………… 1根
姜片……………… 20克
花椒……………… 5克
色拉油……… 80毫升
辣椒粉………… 30克
凉开水……… 15毫升

调味料

鸡高汤……… 50毫升
（做法见P11）
酱油………… 1茶匙
盐……………1/2茶匙
糖……………… 1茶匙
白醋…………1/2茶匙

做法

1 白斩鸡切盘；葱洗净切段备用。
2 将辣椒粉和凉开水调匀备用。
3 热锅，放入色拉油烧热，先放入姜片、花椒小火慢炸至花椒色泽变深后，捞出所有材料，再转大火提高油温至冒烟时，倒入辣椒粉水并搅拌均匀即熄火，静置4小时后过滤去渣，即为红油。
4 将所有调味料调匀，淋在白斩鸡盘上，再淋上红油，最后撒上葱段即可。

87 茶香鸡

* 材料 *

仿土鸡鸡腿…… 1个
熟茶………… 2大匙
八角…………… 6粒
花椒…………… 5克
桂皮…………… 15克
丁香…………… 3克
姜……………… 50克
水…………1500毫升

* 调味料 *

酱油………… 50毫升
糖…………… 3大匙
绍兴酒……… 1大匙

* 做法 *

1 将仿土鸡鸡腿洗净；将熟茶、八角、花椒、桂皮、丁香、姜先用卤袋包起备用。
2 取一锅，倒入水及卤包，以小火煮约30分钟。
3 将鸡腿放入做法2的锅中，以小火续煮约10分钟后关火，盖上锅盖再闷10分钟。
4 将所有调味料混合调匀即为蘸酱。
5 取出闷熟的鸡腿，待凉切块装盘，食用时搭配蘸酱即可。

88 醉辣鸡翅

* 材料 *

土鸡中翅……… 8个
（约400克）
葱……………… 2根
姜……………… 30克
八角…………… 5克
花椒…………… 3克
红辣椒………… 8个

* 调味料 *

A 鸡高汤… 200毫升
（做法见P11）
盐………… 1茶匙
鸡精………1/4茶匙
糖…………1/6茶匙
B 高粱酒… 200毫升

* 做法 *

1 把鸡翅洗净，剁去翅尖后，备用；姜洗净切片；葱洗净切段；红辣椒洗净拍破。
2 烧一锅热水，将鸡翅放入锅中汆烫一下去血水后，捞出冲凉备用。
3 再烧一锅水，放入鸡翅，以小火煮约5分钟后，捞出放凉备用。
4 将准备好的鸡高汤加热，把姜片、葱段、红辣椒与八角、花椒及其余的调味料A一起入锅中，煮滚约1分钟后放凉。
5 再将高粱酒与做法4的酱料一起倒入碗中，搅拌均匀。
6 将鸡翅放入做法5的碗里，把开口密封后放入冰箱冷藏，浸泡一晚即可。

89 芝麻香葱鸡

材料

白斩鸡鸡腿…… 1个
（做法见P71）
红葱头……… 100克
白芝麻………… 10克
香菜…………… 10克
色拉油……… 50毫升

调味料

鸡高汤…… 100毫升
（做法见P11）
盐…………… 1大匙
糖……………1/2茶匙

做法

1 白斩鸡鸡腿剁盘；红葱头洗净去皮后切片备用；白芝麻干炒至香备用。
2 热锅，倒入色拉油烧至约180℃时放入红葱头片，以小火慢炸至呈金黄色后捞起，滤过摊凉即为红葱酥。（锅中油保留即为红葱油）
3 将所有调味料混合均匀，淋在白斩鸡上。
4 白斩鸡上再淋入少许红葱油，最后撒上滤起的红葱酥、白芝麻、香菜即可。

Tips.料理小秘诀

以鸡高汤、盐和糖调出来的调味料相当美味，淋在鸡肉上可以增加鸡肉的口感，鲜嫩多汁。因为油水分离的原理，这道料理必须先淋上鸡高汤，再淋上少许红葱油，如此一来鸡肉能先吸取鸡高汤的美味，还能油而不腻。

1

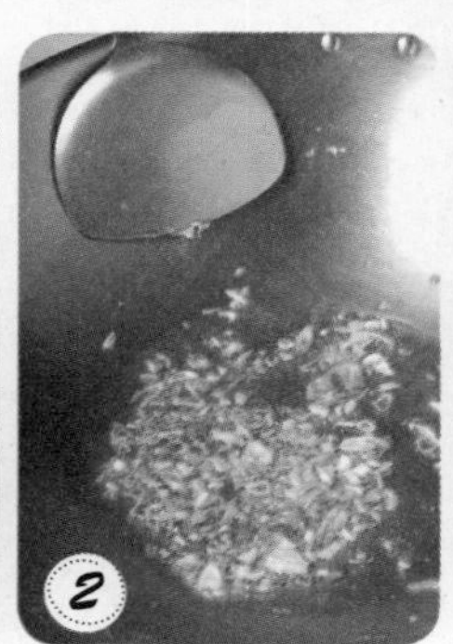
2

3

4

5

90 冰皮沙姜鸡

材料

A 土鸡 ……… 1只
葱…………… 1根
沙姜片……… 30克
冰块……… 3大碗
B 嫩姜………… 50克
色拉油…… 2大匙

调味料

盐……………1/2茶匙
糖……………1/4茶匙
胡椒粉………1/4茶匙
山奈粉………1/4茶匙

做法

1 土鸡洗净、剁掉鸡爪，备用。
2 取一汤锅，加入可淹过整只鸡3厘米高的水量，再放入葱及沙姜片，煮至水滚后，手拿土鸡的鸡头、将鸡放入汤锅内泡烫再提出，如此重复10次，再将整只鸡泡入锅里，转小火让水完全不沸腾，泡约45分钟，备用。
3 取一大锅，放入冰块及冷开水成冰水，放入刚取出的鸡，泡入冰水里轻轻搅拌约30分钟后取出，剁成适当大小块状排盘，备用。
4 将嫩姜去皮、磨成泥，挤干水分，加入所有调味料，烧热色拉油后冲入拌匀成蘸料，搭配的鸡肉蘸食即可。

91 粉嫩鸡胸肉

材料

去皮鸡胸肉… 200克
西蓝花……… 6小朵
淀粉………… 2大匙

调味料

盐……………… 少许
白胡椒粉……… 少许
市售海山酱… 3大匙

做法

1 去皮鸡胸肉切小片；西蓝花洗净汆烫至熟，备用。
2 在鸡胸肉片撒上所有调味料，拍上淀粉，再放入水温约60℃的热水中汆烫过水捞起备用。
3 将鸡肉片与汆烫好的西蓝花放入盘中，再搭配市售海山酱食用即可。

Tips.料理小秘诀

鸡胸肉其实只要切成薄片，拍上薄淀粉，再放入温水中汆烫约20秒，其口感就会又滑又嫩。

92 水晶鸡肉冻

* 材料 *

无骨鸡胸肉… 200克
鸡爪……………… 10只
鸡精……………… 10克
姜………………… 50克
葱………………… 2根
水………… 800毫升
琼脂粉………… 15克
蘸酱……………… 适量

* 调味料 *

盐…………… 1茶匙
糖……………1/4茶匙
绍兴酒……… 1茶匙

* 做法 *

1 将无骨鸡胸肉、鸡爪洗净，与水、鸡精、姜、葱一起放入电锅中炖50分钟。
2 取出煮熟的鸡胸肉，以手撕成小块后放入大碗中；琼脂粉加少许水调开备用。
3 将做法1电锅中的姜、葱、鸡脚取出，将所有调味料倒入做法1锅中的鸡汤一起拌匀，再倒入琼脂粉水拌匀。
4 将做法3中调味好的鸡汤过滤，倒入做法2的碗内，待凉后放入冰箱中冷藏至凝固。
5 食用时从冰箱取出，倒扣于盘子上，搭配蘸酱食用即可。

蘸酱

材料：
蒜泥………………1茶匙
香油………………1茶匙
酱油膏………… 3大匙
糖………………1/2茶匙
香菜末…………… 少许

做法：
将所有材料放入小碗中充分调匀即可。

93 时蔬醋渍鸡肉卷

材料

鸡胸肉片…… 100克
胡萝卜………… 30克
小黄瓜………… 50克
芹菜…………… 50克
黄芥末籽酱…… 适量

甘醋汁

水………… 100毫升
白醋………… 60毫升
糖…………… 30克
酱油………… 3毫升
干辣椒………… 1个
月桂叶………… 1片

做法

1 将甘醋汁混合均匀煮至糖完全溶化，放置冷却备用。
2 芹菜、小黄瓜洗净切成5厘米长的细条；胡萝卜洗净去皮后，切成5厘米长的细条，备用。
3 鸡胸肉片切成薄片，放入沸水中氽烫至颜色变白，捞起沥干备用。
4 将鸡胸薄肉片摊开，铺上适量做法2的材料，卷起后用牙签固定，浸泡在甘醋汁中约30分钟至入味。
5 将鸡肉卷盛盘，放上黄芥末籽酱即可。

94 椒麻淋鸡肉片

材料

鸡腿肉………… 30克
小黄瓜………… 2条

调味料

花椒…………… 10克
姜末…………… 20克
葱末…………… 30克
酱油………… 30毫升
醋…………… 20毫升
糖……………… 6克
香油………… 6毫升
辣油………… 6毫升

做法

1 热锅，倒入1大匙色拉油，以小火将花椒炒香，盛起切细末，油保留即为椒香油，备用。
2 将花椒末、椒香油与剩下所有调味料混合均匀即为椒麻酱，备用。
3 小黄瓜用盐（分量外）搓洗后拍成大小适中的块状，铺在盘上备用。
4 鸡腿肉去骨后再去掉鸡皮，放入沸水中氽烫约3分钟即熄火，以余温将鸡腿肉浸熟，捞起，以片刀切成薄片，置于小黄瓜块上。
5 再淋入椒麻酱即可。

95 酸辣拌鸡丝

材料

熟鸡胸肉300克、青木瓜1/4个、盐1茶匙、洋葱1/4颗、番茄1个、辣椒1个、香菜1根

调味料

柠檬1个、鱼露1茶匙、糖1大匙

做法

1 将熟鸡胸肉用手撕成丝备用。
2 青木瓜去皮后，以刨刀刨成粗丝，加1茶匙盐腌10分钟后，以流动的清水冲约15分钟，以去除咸味，备用。
3 洋葱洗净切丝，冲水约10分钟后挤干水分；番茄洗净去籽后切成条状；辣椒洗净切末；香菜洗净切小段备用。
4 将柠檬挤汁，再与其余调味料混合调匀。
5 将青木瓜丝、洋葱丝、番茄条、辣椒末及鸡丝拌匀，再加入做法4的调味酱汁拌匀，待全部食材入味后放上香菜即可。

96 鸡丝拉皮

材料

鸡胸肉……… 100克
小黄瓜………… 1条
凉粉皮……… 200克

调味料

芝麻酱……… 1大匙
凉开水……… 2大匙
白醋………… 1茶匙
糖…………… 1茶匙
香油………… 1大匙

做法

1 鸡胸肉放入水中煮或蒸约10分钟至熟，放凉后，剥成粗丝状备用。
2 小黄瓜洗净切细丝；凉粉皮切条备用。
3 取盘，先放入凉粉条，再依序铺上小黄瓜丝和鸡丝。
4 芝麻酱先和凉开水混合拌匀，再加入其他调味料拌匀后，淋至做法3上即可，食用前再略拌匀即可。

97 棒棒鸡

材料

鸡腿1个、小黄瓜1条、葱2根、辣椒1个

调味料

花椒粉1/4茶匙、糖1/2茶匙、酱油1大匙、辣油1大匙、香醋1茶匙

做法

1 取一汤锅，倒入约1/2锅的水量，再放入鸡腿以中火煮至滚沸时熄火，利用余温将鸡肉泡熟约10分钟。
2 取出鸡肉，先以刀背拍松，再撕成粗丝备用。
3 葱、小黄瓜洗净切丝泡水约10分钟后，捞起沥干，辣椒洗净去籽切丝备用。
4 将所有调味料混合好后，和鸡丝、葱丝、小黄瓜丝和辣椒丝拌匀入味即可。

98 芝麻酱拌鸡片

材料

鸡腿肉片（去骨）……300克
秋葵……3支
米酒……适量
姜片……适量

调味料

市售芝麻酱…30毫升
醋……30毫升
糖……6克
鸡高汤……15毫升
（做法见P11）
美乃滋……15克
辣豆腐乳……10克
生抽……10毫升

做法

1 取一锅水，放入米酒、姜片煮至沸腾时，放入鸡腿肉片汆烫至熟，捞起切薄片备用。
2 秋葵放入沸水中汆烫至熟，捞起浸泡冷水中，待冷却后切段备用。
3 将辣豆腐乳压碎，加入其余调味料混合均匀即成芝麻酱汁。
4 将鸡腿薄肉片、秋葵混合后盛盘，食用时淋上芝麻酱汁即可。

Tips.料理小秘诀

市面上不易买到鸡薄肉片，是由于鸡肉肉块较小，去骨去皮后就没剩下多少肉了，不易制成薄肉片。如果在家想将鸡肉切成薄肉片，是有妙招的：首先将鸡肉的多余脂肪去除，并切断肉筋（防止卷缩），放入沸水中汆烫约7分钟，熄火再闷约15分钟，捞起沥干冷却后，即可切成薄片状，记得千万要冷却再切，否则会变成肉屑！

99 辣油黄瓜鸡

材料

鸡胸肉………… 80克
小黄瓜……… 100克
红辣椒丝……… 10克

调味料

辣椒油……… 2大匙
蚝油………… 1大匙
凉开水……… 1大匙
糖……………1/2茶匙

做法

1 取鸡胸肉放入滚水锅中烫熟，捞出、剥丝，备用。
2 小黄瓜洗净切丝、盛盘，将鸡丝放在小黄瓜丝上。
3 将所有调味料拌匀成酱汁，淋在鸡丝上，再撒上红辣椒丝即可。

100 辣味鸡胗

材料

鸡胗160克、葱段30克、姜片40克、芹菜70克、红辣椒丝10克、香菜末5克、豆瓣辣酱3大匙

做法

1 取一个汤锅，将葱段及姜片放入锅中，加入约2000毫升水，开火煮滚后放入鸡胗。
2 待再次煮沸后，将火转至最小维持微滚状态，续煮约10分钟后捞起沥干放凉，切片备用。
3 芹菜洗净切小段，汆烫后冲水至凉，与红辣椒丝、香菜末及鸡胗加入豆瓣辣酱拌匀即可。

Tips.料理小秘诀

因为鸡胗比较厚，所以需要煮久一点，但也不宜煮太久，过头会缩水。此外，加入姜片与葱段一起汆烫可以去除鸡胗的腥味，如果将姜拍裂，去腥效果会更好。

101 蒜头蒸鸡

材料

鸡腿块……… 600克
蒜头………… 100克

调味料

盐……………1/2小匙
白胡椒粉……… 少许
米酒……… 100毫升

做法

1 鸡腿块洗净，放入容器中备用。
2 在鸡腿块中加入所有的调味料混匀，腌约30分钟备用。
3 取一张锡箔纸，放入腌好的鸡腿块和去头尾的蒜头后，再取1张锡箔纸盖上，将锡箔纸四边包紧。
4 再放入蒸锅中蒸约1小时即可。

Tips.料理小秘诀

大蒜风味浓郁，有杀菌功能，可促进血液循环，和肉类一起料理，蒜味十足，也有生津开胃之效。

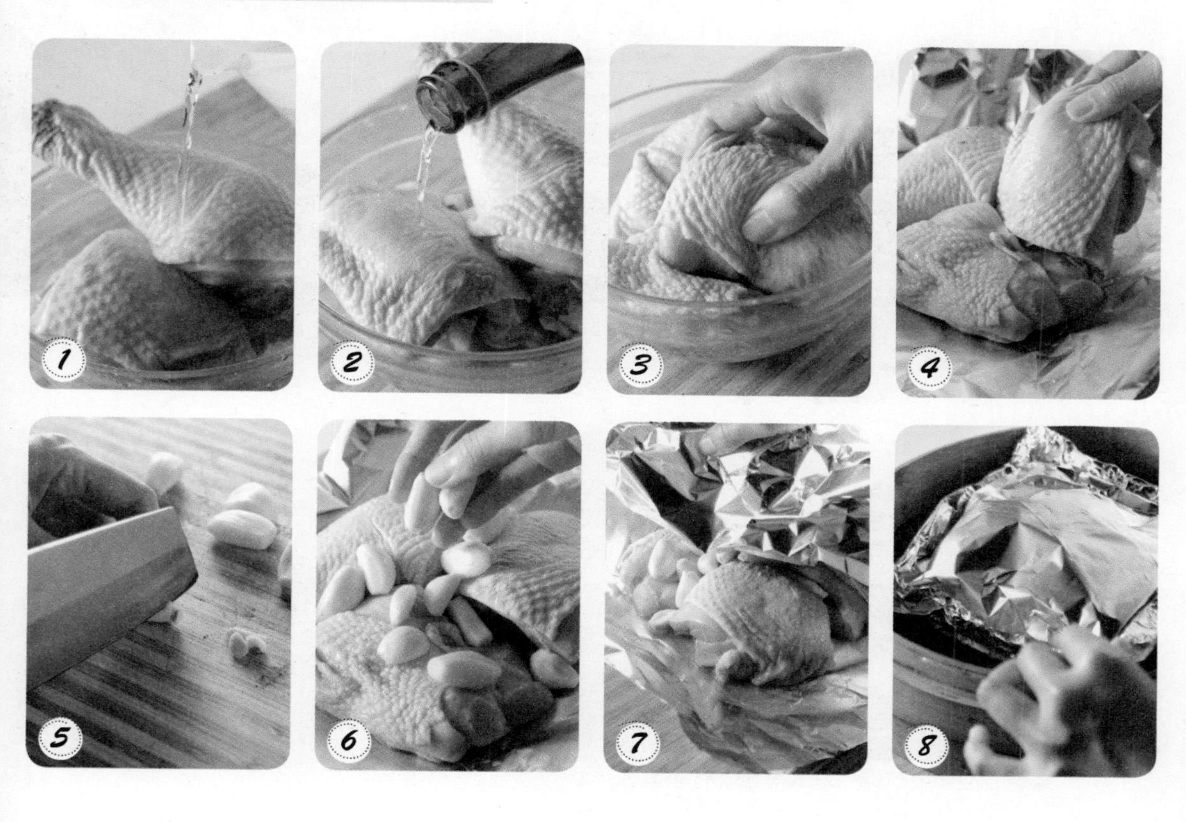

102 土窑鸡

材料

土鸡肉……… 500克
葱段…………… 1根
姜片…………… 10克
当归…………… 1片
淮山…………… 3片
枸杞子……… 1小匙

调味料

盐…………… 1小匙
糖……………1/2小匙
米酒………… 3大匙

做法

1 土鸡肉洗净、切块，放入滚水中汆烫后捞起沥干，装入专用铝箔袋中，备用。
2 葱段、姜片洗净，装入铝箔袋中；当归、淮山、枸杞子，亦装入铝箔袋中，接着加入所有调味料后，将封口密封包紧（可用钉书机或棉绳）。
3 将袋内食材摇晃均匀，放入蒸锅中以大火蒸约30分钟即可。

Tips.料理小秘诀

正统的土窑鸡是放入传统的窑中焖煮，但如果改成家庭式做法，也可以放入蒸锅或电锅中煮熟，风味一样好吃！

103 豉椒凤爪

材料

鸡爪…………… 10只
红糟………… 1大匙
色拉油……… 1大匙
豆豉………… 2大匙
蒜末………… 1大匙
姜末………… 1大匙

调味料

蚝油………… 1大匙
糖…………… 1小匙
米酒…………1/2大匙

做法

1 鸡爪剁去趾甲洗净后，过水汆烫捞出，加入红糟上色，再放入180℃的油锅中，以中火炸3分钟后起锅，泡入冷水中备用。
2 取一锅，加入色拉油热锅，以小火爆香豆豉、蒜末、姜末后，加入调味料及鸡爪，然后再以中火拌炒1分钟后，取出装盘。
3 再放入蒸锅中，以中火蒸煮30分钟即可。

104 传统手扒鸡

材料

春鸡……………… 1只

腌料

葱段……………… 30克
姜………………… 10克
红辣椒片……… 5克
八角……………… 2克
花椒……………… 2克
酱油………… 3大匙
米酒………… 2大匙
糖…………… 2大匙
水…………2000毫升

做法

1 取所有腌料倒入锅中，以大火煮至滚沸，静置到冷却成腌汁，备用。
2 春鸡洗净，沥干水分后放入已冷却的腌汁中，再放入冰箱冷藏腌渍约1天。
3 取出春鸡，放入已预热的烤箱，以上火150℃、下火150℃烘烤，期间需不停打开烤箱涂抹腌汁，避免表皮干焦，烘烤约40分钟，至金黄熟透后取出即可。

105 墨西哥辣烤全鸡

材料

春鸡 …………… 1只

腌料

墨西哥辣椒粉 … 1大匙
TABASCO（塔巴斯科辣椒酱）……… 1大匙
橄榄油 ……… 1/2大匙
盐 …………… 1/2大匙
胡椒粉 ……… 1/4小匙
B.B辣酱 ……… 1大匙
糖 …………… 1/2小匙

做法

1 将所有腌料拌匀成辣酱腌料，备用。
2 将春鸡洗净沥干水分，内、外均匀地抹上辣酱腌料，静置腌渍约1小时，备用。
3 取出春鸡，放入已预热的烤箱，以上火150℃、下火150℃烘烤约40分钟至熟即可。

106 意大利香料烤全鸡

材料

春鸡…………… 1只

腌料

意大利综合香料2大匙
白酒………… 1大匙
盐……………1/2大匙
胡椒粉………1/2小匙
迷迭香………1/2小匙
橄榄油………1/2小匙

做法

1 将所有腌料拌匀，备用。
2 将春鸡洗净沥干水分，内、外均匀抹上做法1的腌料，静置腌渍约1小时，备用。
3 取出春鸡，放入已预热的烤箱中，以上火150℃、下火150℃烘烤约40分钟，至金黄熟透后取出即可。

Tips.料理小秘诀

涂抹腌料的时候，除了外皮之外，千万别忘了鸡腹腔内也要均匀抹上腌料，还可以把腌料抹进鸡皮和鸡肉间，如此一来就能彻底入味！

107 蜜汁烤鸡

材料

鸡翅腿………… 10个
蜂蜜…………… 少许
熟白芝麻……… 适量

腌料

姜片…………… 3片
葱段…………… 10克
蒜末…………… 10克
酱油………… 3大匙
糖…………… 1大匙
香油…………… 少许
米酒………… 1大匙
番茄酱……… 1大匙
五香粉………… 少许
蚝油………… 1小匙

做法

1 鸡翅腿洗净、沥干，放入盆中，再加入所有腌料一起拌匀，腌渍约30分钟，备用。
2 将鸡翅腿从腌酱中取出，排放在烤盘上，再移入已预热的烤箱中，以200℃烤约10分钟，接着取出鸡翅腿均匀刷上腌料，翻面继续放入烤箱中，烤约10分钟再取出，趁热刷上蜂蜜后再入炉略烤至上色。
3 取出后鸡翅腿表面再刷上蜂蜜，食用时可撒上熟白芝麻即可。

108 碳烤鸡排

* 材料 *

A 鸡胸肉……… 150克
B 葱末………… 10克
姜末………… 10克
蒜末………… 40克
五香粉…… 1/4茶匙
糖…………… 1大匙
味精………… 1茶匙
酱油膏……… 1大匙
小苏打…… 1/4茶匙
水………… 50毫升
米酒………… 1大匙
C 炸鸡排粉…… 100克
D 蜜汁烤肉酱… 2大匙

* 做法 *

1 鸡胸肉洗净后去皮、去骨，横剖到底成一片蝴蝶状的肉片（注意不要切断）备用。
2 材料B放入果汁机中，搅打约30秒混合均匀即为腌汁备用。
3 将鸡排用腌汁腌渍约30分钟后，捞起沥干，再以按压的方式均匀沾裹炸鸡排粉备用。
4 热油锅，待油温烧热至150℃时，放入鸡排炸约2分钟，至鸡排表皮酥脆且呈现金黄色时，即捞起沥油。
5 于鸡排两面均匀刷上蜜汁烤肉酱后，放入已预热为200℃的烤箱烤约1分钟至香味溢出即可。

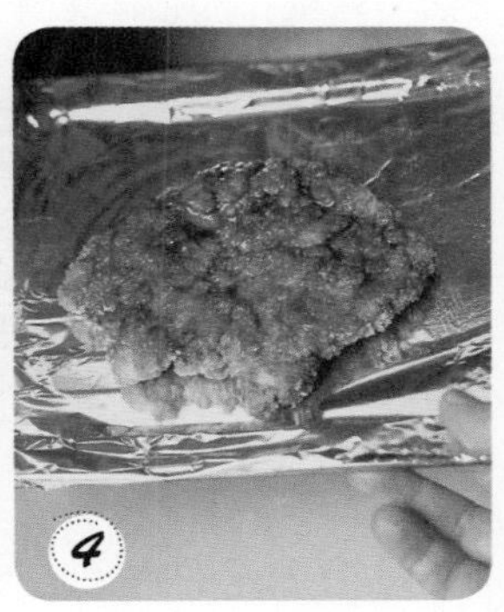

109 泰式烤鸡腿

材料

去骨鸡腿…… 160克
香菜末………… 5克
蒜末…………… 5克
番茄片………… 适量
切花水煮土豆片 适量
罗勒叶………… 少许

调味料

鱼露…………… 20克
白胡椒粉……… 适量
咖喱粉………… 20克
椰奶………… 50毫升
糖……………… 5克

做法

1 取一钢盆，放入所有的调味料混合调匀，再将香菜末、大蒜末混合拌匀备用。
2 将去骨鸡腿放入做法1中腌约30分钟，再放入已预热为250℃的烤箱中烤约20分钟即可。
3 取盘，依序排入番茄片、切花水煮土豆片、去骨鸡腿和罗勒叶即可。

110 照烧鸡腿

材料

去骨鸡腿……… 1个
秋葵…………… 1支
洋葱…………1/2小颗

调味料

盐……………… 少许
山椒粉………… 适量
市售照烧酱…… 适量

做法

1 去骨鸡腿洗净撒上盐，静置10分钟，再用浓度为5%的米酒水洗净擦干，肉厚处及筋部用刀划开；秋葵放入沸水中氽烫至熟后，泡入冷水中冷却沥干备用。
2 热一烤架，放上洋葱烤至稍软上色，取出备用。
3 平底锅烧热，加入适量色拉油，放入去骨鸡腿(有皮的那面朝下)，烤至七八分熟，涂上适量市售照烧酱重新烤至酱汁收干，重复此动作2~3次至酱汁完全入味即可。
4 将去骨鸡腿取出，切成适当块状后盛盘，放上秋葵及洋葱，再将山椒粉均匀撒在鸡肉上即可。

111 希腊烤鸡翅

材料

鸡翅……………………3个
巴西里碎……………适量

腌料

蒜碎………………30克
巴西里碎…………1大匙
皮萨草叶………1/2小匙
匈牙利红椒粉…1/2小匙
粗粒黑胡椒粉……1小匙
柠檬汁……………3大匙
橄榄油……………2大匙
白酒……………30毫升
盐………………1/2小匙
糖…………………1小匙

做法

1 鸡翅洗净，沥干水分后放入大碗中备用。
2 将所有腌料放入碗中调匀，再倒入做法1的碗中，拌匀后腌渍约1小时。
3 将烤箱预热至约190℃，烤盘排入鸡翅，并将剩余的腌汁均匀地倒在鸡翅上，放入预热好的烤箱，以190℃烤约30分钟或至鸡肉熟透为止。
4 烘烤过程中须分次以刷子将烤盘上的汤汁均匀涂在鸡肉上数次，以避免烘烤至过干，烤好取出后撒上适量巴西里碎即可。

1

2

3

4

5

112 纽约辣鸡翅

材料

鸡翅……………… 3个
红辣椒碎……… 20克
洋葱碎……… 1大匙
蒜末………… 1大匙

调味料

TABASCO 1大匙
烤肉酱……… 1大匙
蜂蜜………… 1大匙
白醋………… 1大匙
水………… 500毫升

做法

1 鸡翅洗净，用纸巾吸干表面水分，放入180℃的热油中以中大火炸至表面呈金黄色，捞出沥干油分备用。
2 锅中加入4大匙色拉油热锅后，放入蒜碎、洋葱碎炒香，再加入红辣椒碎与所有调味料，以小火煮5分钟。
3 将鸡翅加入煮过的调味酱中拌匀备用。
4 将烤箱预热至180℃，再将鸡翅排放入长方形烤盘内，并均匀淋入剩余的酱汁，以180℃烘烤约5分钟即可。

113 纽奥良辣鸡翅

材料

A 鸡翅 ……… 3个
白酒……… 50毫升
奶油………… 30克
B 低筋面粉…… 适量
洋葱粉……1/2小匙
蒜头粉……1/2小匙
黑胡椒粗粉1/2小匙
盐…………… 适量

调味料

TABASCO … 适量
辣椒粉………1/2小匙
鸡高汤…… 200毫升
（做法见P11）
辣椒酱………… 适量

做法

1 烤箱预热至160℃，取一烤盘抹上一层奶油（不须放入烤箱预热）备用。
2 鸡翅洗净后擦干水分，从关节处切分成二节，淋上白酒拌匀备用。
3 将所有材料B放入钢盆中混和均匀成裹粉，再将每个鸡翅均匀沾裹裹粉，排在做法1的烤盘中，放入烤箱以160℃烘烤约20分钟，至鸡翅表面呈金黄色时取出。
4 平底锅加入奶油以中小火烧融，加入所有调味料煮滚，再将烤好的鸡翅放入，以小火加热略煮约3分钟至入味，最后再次放入烤箱，以180℃烤5分钟即可。

114 新疆鸡肉串

* 材料 *

鸡柳………… 120克
盐…………… 1小匙
鸡蛋（取1/4蛋液）1个
淀粉………… 1小匙
竹签…………… 6支
木炭…………… 适量
孜然………… 1大匙

* 做法 *

1 将鸡柳洗净后，加入盐、鸡蛋液、淀粉一起腌渍20分钟备用。
2 将腌渍好的鸡柳串上竹签，放置于炭火上，一边翻转一边烧烤大约5分钟，烧烤的途中再加入适量的孜然即可。

猪肉类料理篇

炒炸卤煮拌淋蒸烤

猪肉可以说是家常料理中，
最常被运用的食材之一，
无论是带骨的猪肉，
或去骨的里脊肉片，
经过各种烹调方式和具加分效果的调味料，
都能变得色香味兼具的美味，
并一一被端上桌。

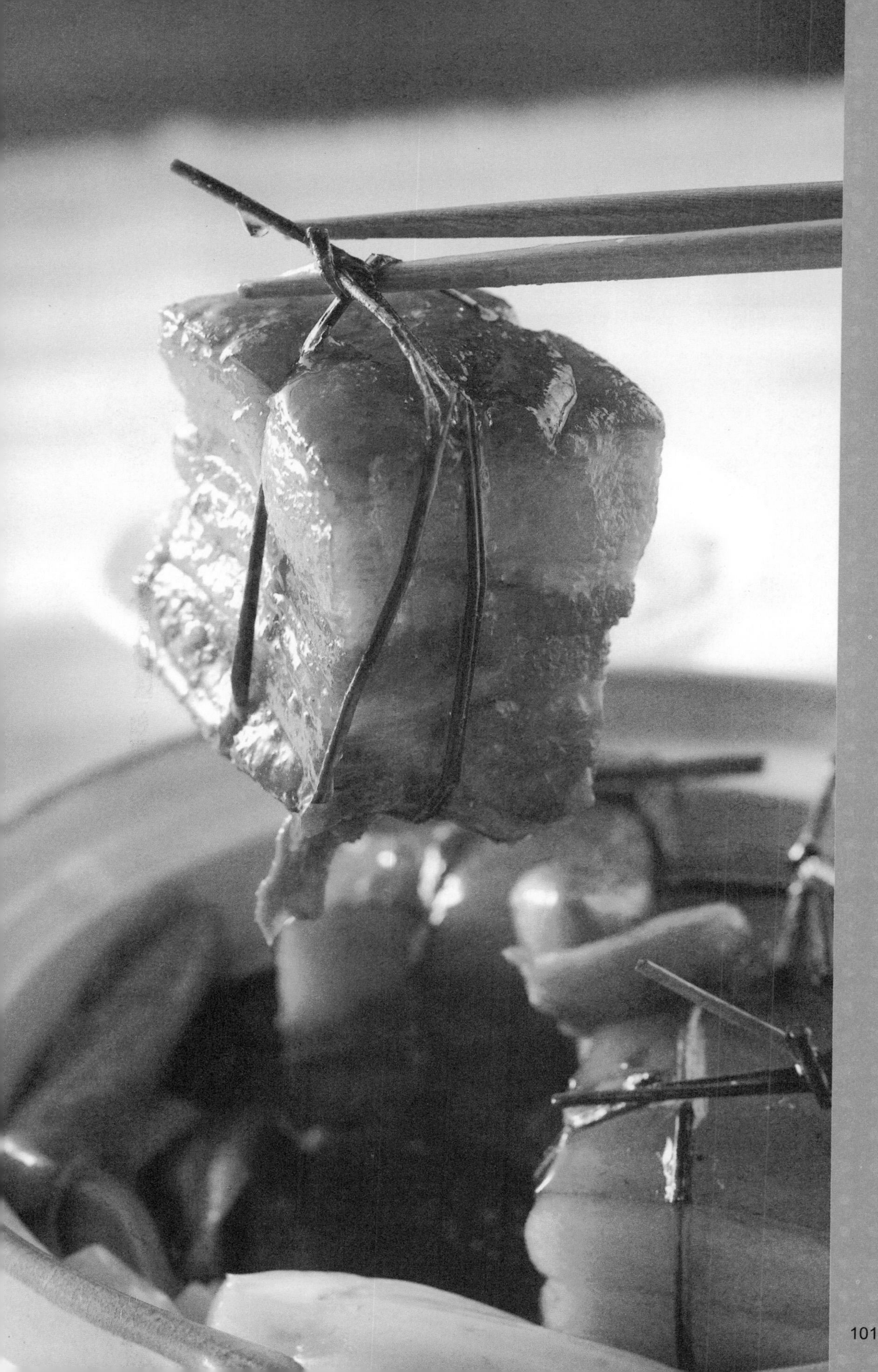

不同部位猪肉的适合煮法

五花肉

五花肉可挑选厚一点的，以靠近头部的肉质较好，并且前半段的口感最好，常见的是切块红烧或卤的方式来处理，或切成薄片快炒。

胛心肉

位于猪前腿以上靠近背的部位，肉质本身不会像后腿肉那样瘦，故口感上较适中，常常用来做成肉丸子或做成馅料。

梅花肉

可挑选油花分布均匀的肉块，因为本身油脂较多，所以常常以炸或烧的方式来处理，吃起来口感不涩也不腻，甚至还会有脆度。

里脊肉

即腰椎旁的带骨里脊肉。适合油炸、炒、烧。

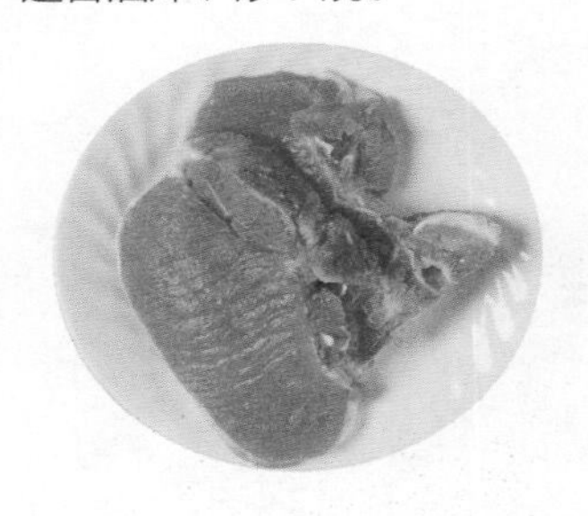

猪腿

猪腿部位介于蹄髈与猪脚之间，在蹄髈之下，猪脚之上，脂肪含量高，制作德国猪蹄就是这个部位。

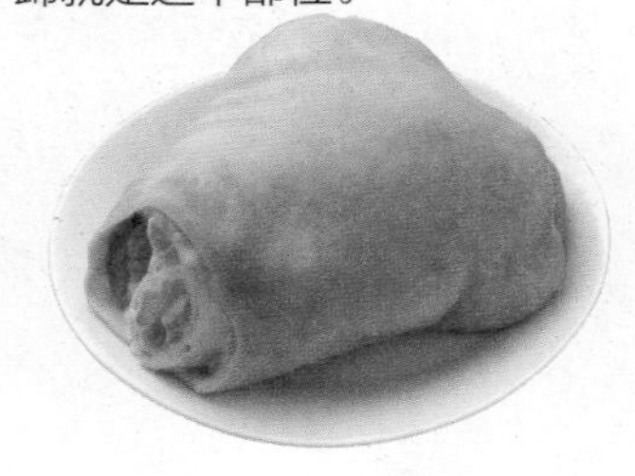

小排骨

即连着白色软骨旁的肉。拿来炒、烧、蒸都很适合。

肋排（背）

又称五花排，为背部整排平行的肋骨，肉质厚实，最适合整排下去烤。将背部肋骨沿骨头切块，一根根的很适合拿来烤或焖烧。

腱子肉

腱子肉多为块状，是将猪前小腿去骨后所得的肉块，肉中有许多连结组织，因此极适合炖煮或长时间卤制，口感香酥多汁，通常是煮完再切小块。

蹄髈

是我们常说的腿库，也是整只猪脚中肉最多的地方，鲜嫩多汁，最常见的是蹄髈卤笋丝，用来做红烧肉更适合。

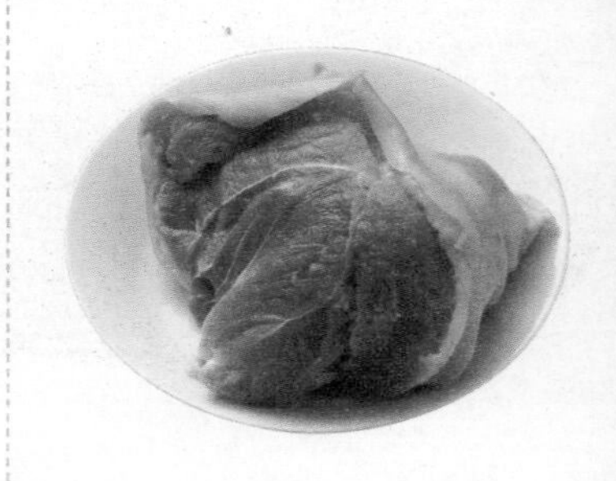

各种烹调方式的料理秘诀

炒秘诀

利用先炸再炒的方式。炸过之后，腌料及肉汁的原味可以封住，在炒的过程中不容易流失汤汁或腌料。同时炒的时间要短，就能保证排骨的鲜美滋味。

炸秘诀

先小火后大火最酥脆。油炸时先用小火炸3分钟，使排骨吸收油分的热量而熟透。接着再转大火炸1分钟，将排骨中的油分迅速逼出，因为油没有留在肉里面，排骨咬下去就会酥脆爽口、不油不腻。

卤秘诀

先卤后浸味道最好。调味料的分量一定要淹过排骨，用大火卤滚之后，再以小火焖卤约20分钟。接着熄火浸泡卤汁至少3个小时以上，这样卤汁的气味就会完全被排骨吸收，排骨也不会过熟。

腌秘诀

放在冰箱腌最入味。把排骨放入腌料中，盖上保鲜膜，放入冰箱冷藏几个小时，这样腌出来的效果最好。因为冰箱会吸收排骨的水分，排骨就会多吸收酱汁来补充水分，就会更入味。

蒸秘诀

竹制蒸笼风味最好。因为竹子可以透气，蒸笼里可以维持比较稳定的温度，食物可以均匀受热，不会产生外面过熟的情况。同时还能增添竹子的自然香气，增进食欲。

烤秘诀

带油分的排骨最好吃。尤其中肋排肉及胛心肉，让原有的油脂在180～200℃的烤箱中融化释出，形成保护膜，让肉块里的汤汁不会流失，出炉时才能维持肉质的油嫩与弹性。

115 炒回锅肉片

材料

熟五花肉…… 200克
豆干…………… 2块
青椒…………… 20克
圆白菜………… 30克
红辣椒…………1/2条
蒜末…………1/2茶匙
蒜苗…………… 1根

调味料

辣豆瓣酱…… 1茶匙
酱油………… 1茶匙
糖……………1/2茶匙
水淀粉………… 适量

做法

1 青椒洗净切菱形片；圆白菜洗净切片；豆干洗净切斜刀片；红辣椒洗净切小块；蒜苗洗净切段，备用。
2 熟五花肉切片，备用。
3 热锅，加入适量色拉油，放入五花肉以中火炒至出油，且表面呈焦黄后盛出，备用。
4 原锅中放入豆干片以小火炒至干脆，再放入蒜末、辣豆瓣酱以小火炒香，续加入圆白菜片、青椒片、红辣椒片、蒜苗段以小火炒约3分钟。
5 接着再加入肉片及酱油、糖炒1分钟，起锅前加入水淀粉勾芡拌匀即可。

116 青椒炒肉丝

材料

猪肉丝……… 150克
青椒…………… 50克
红辣椒丝……… 少许

调味料

盐……………1/8茶匙
胡椒粉………… 少许
香油…………… 少许
水淀粉………1/2茶匙

腌料

蛋液………… 2茶匙
盐……………1/4茶匙
酱油…………1/4茶匙
酒……………1/2茶匙
淀粉…………1/2茶匙

做法

1 猪肉丝加入所有腌料，顺同一方向搅拌2分钟拌匀，备用。
2 青椒洗净切丝，备用。
3 将所有调味料拌匀成兑汁，备用。
4 热锅，加入2大匙色拉油润锅后，放入猪肉丝以大火迅速轻炒至变白，再加入青椒丝、红辣椒丝炒1分钟后，一面翻炒一面加入做法3的兑汁，以大火快炒至均匀即可。

117 酱爆肉片

材料

五花肉……… 150克
小黄瓜………… 1条
胡萝卜………… 少许
红辣椒………… 1个
葱……………… 2根
姜……………… 2片

调味料

A 甜面酱 … 1大匙
酱油……… 1小匙
米酒……… 1小匙
糖…………… 少许
水…………… 1/2杯
B 水淀粉……… 适量
香油………… 少许

做法

1 五花肉洗净切小片；小黄瓜、胡萝卜、红辣椒、葱、姜皆洗净切成菱形片，备用。
2 热锅，倒入少许油烧热，放入葱片、姜片、红辣椒片爆香，再放入五花肉片转小火拌炒均匀，续加入所有调味料A炒至五花肉片熟。
3 加入小黄瓜片、胡萝卜片拌炒数下，以水淀粉勾薄芡，最后淋上香油即可。

118 京酱肉丝

材料

猪肉丝……… 200克
宜兰葱………… 4根
姜末…………1/2茶匙
蒜末…………1/2茶匙
红辣椒丝……… 少许

调味料

A 甜面酱 … 1大匙
水……… 100毫升
B 酱油……… 1茶匙
糖………… 1大匙
香油……… 1茶匙

腌料

酱油………… 1茶匙
米酒…………1/2茶匙
胡椒粉………… 少许
香油…………… 少许
淀粉………… 1茶匙

做法

1 猪肉丝加入所有腌料一起拌匀，放入冰箱冷藏约15分钟，备用。
2 葱洗净、切丝、泡水，再取出沥干铺盘，备用。
3 调味料A拌匀后，再与调味料B一起拌匀，备用。
4 锅烧热，加入2大匙色拉油，放入猪肉丝炒至肉色变白后盛出、沥油，备用。
5 原锅留1大匙色拉油，放入蒜末、姜末以小火炒香，加入做法3的调味汁煮滚，续放入肉丝以小火炒至汤汁收干，盛入做法2的盘中，再撒上红辣椒丝装饰即可。

119 宫保肉丁

材料

里脊肉250克、葱段10克、姜末25克、蒜末25克、干辣椒4个、花椒10粒、去皮蒜花生50克、色拉油30毫升、小黄瓜1条

调味料

A 盐1/4小匙、糖1/4小匙、淀粉1/2小匙、米酒少许、鸡蛋1个（取1/3蛋液）
B 酱油1茶匙、味精1/4茶匙、糖1/2茶匙、白醋1/2茶匙、淀粉1/4茶匙

做法

1 将里脊肉切成正方形丁状备用。
2 肉丁中加入调味料A后，一起搅拌均匀腌渍备用。
3 将调味料B中的酱油、味精、糖、淀粉一起调匀兑成汁备用。
4 热锅，倒入色拉油烧热，加入肉丁以大火快炒，至肉丁约八分熟后盛起。
5 同锅转小火，放入干辣椒段及花椒，用锅里的余油爆香约30秒，再加入姜末、葱段、蒜末一起炒匀爆香。
6 加入肉丁及做法3的兑汁一起以中火快炒约1分钟，起锅前加入白醋、去皮蒜花生炒匀，即可盛盘。

120 雪里红炒肉丝

材料

猪肉丝150克、雪里红70克、红辣椒丁少许、色拉油2大匙

调味料

糖1/4茶匙、盐少许

腌料

蛋液2茶匙、盐1/4茶匙、酱油1/4茶匙、酒1/2茶匙、淀粉1/2茶匙

做法

1 猪肉丝中加入所有腌料，顺同一方向搅拌2分钟拌匀，备用。
2 雪里红洗净、切1厘米长的小段，备用。
3 热锅，加入2大匙色拉油，放入猪肉丝炒至肉色变白后捞出，备用。
4 原锅中放入雪里红以小火炒至表面干爽无水分，再加入红辣椒丁及猪肉丝、调味料，以小火炒约2分钟至均匀即可。

121 酸白菜肉片

材料

五花肉片300克、酸白菜300克、干辣椒5克、花椒2克、姜丝10克、蒜苗30克、水3大匙

调味料

米酒1大匙、盐1/2茶匙、糖1大匙、香油1大匙

做法

1 酸白菜洗净切段；蒜苗洗净切花，备用。
2 热一炒锅，加入少许色拉油炒香干辣椒、花椒、姜丝及猪五花肉片。
3 接着加入酸白菜段、蒜苗及水、米酒、盐、糖炒匀。
4 炒至汤汁收干，淋上香油即可。

122 脆笋炒肉片

材料

脆笋………… 200克
梅花肉片…… 200克
香菇片………… 30克
红辣椒丁……… 少许
蒜末………… 10克
蒜苗段………… 少许
色拉油………… 适量

调味料

盐……………1/2小匙
鸡精…………1/4小匙
糖………………… 少许
乌醋…………… 少许
米酒………… 1小匙

做法

1 脆笋在水中浸泡1小时，然后取出放入滚水中汆烫5分钟后，捞起沥干，备用。
2 热锅，倒入色拉油，放入蒜末、蒜苗段、红辣椒丁爆香，加入香菇片炒香，再放入猪梅花肉片炒至颜色变白。
3 原锅中加入脆笋炒1分钟，最后放入所有调味料拌炒均匀即可。

123 五花肉炒豆干

材料

五花肉……… 200克
豆干………… 250克

辛香料

蒜末…………… 10克
红辣椒丝……… 10克
葱丝…………… 10克

调味料

酱油………… 1大匙
盐……………… 少许
糖………… 1/4 小匙
胡椒粉………… 少许
米酒………… 1大匙

做法

1 五花肉洗净切条；豆干洗净切条备用。
2 热锅加入2大匙油，爆香蒜末，放入五花肉炒至颜色变白，再放入豆干炒至微干。
3 放入红辣椒丝及所有调味料炒香，最后放入葱丝拌匀即可。

Tips.料理小秘诀

这道菜看起来简单，其好吃的关键就在于，豆干要炒至微干或先炸过，才会香且不易碎，这样吃起来口感更好！

124 蒜苗炒五花肉

材料

五花肉……… 300克
葱段…………… 5克
老姜…………… 20克
蒜苗…………… 1根
红辣椒…………1/2个

调味料

盐…………… 1茶匙

做法

1 取一汤锅，加入可淹过五花肉的水量，再放入葱及老姜，煮至水滚后，放入五花肉以小火煮约20分钟，再捞出五花肉，并撒上1/2茶匙盐在肉的每一部位抹匀，静置放凉备用。
2 待五花肉放凉后，切成0.3厘米厚的薄片，备用。
3 蒜苗洗净、摘除老叶，切斜片；红辣椒洗净去籽、切菱形片，备用。
4 锅烧热，放入五花肉片以文火煎炒至出油且表面脆黄，再放入蒜苗与红辣椒片，加入1/2茶匙盐，以大火快炒30秒至均匀即可。

125 酸菜炒肉片

材料

酸菜…………300克
猪肉片………200克
红辣椒…………15克
姜末……………10克
色拉油………2大匙

调味料

盐……………1/4小匙
糖……………1/2小匙
鸡精…………1/4小匙
米酒……………少许

做法

1 酸菜洗净切小段，红辣椒洗净切片，备用。
2 热锅，倒入色拉油烧热，放入姜末、红辣椒片爆香，放入猪肉片炒至颜色变白。
3 续放入酸菜段炒约1分钟，再放入所有调味料拌炒入味即可。

Tips.料理小秘诀

酸菜各家配方不相同，因此风味也略有差异，其口味大致可以分为偏甜与偏咸，可依照个人喜好选用，但是因为用来炒肉片，建议选用偏咸的比较对味；而偏甜的比较适合用来包饭团、夹饼。

126 客家小炒肉

材料

熟五花肉……150克
干鱿鱼丝………30克
豆干……………2块
芹菜……………1根
红辣椒丝………10克
蒜末…………1/2茶匙

调味料

酱油膏………1大匙
盐……………1/8茶匙
糖……………1/2茶匙

做法

1 豆干切条；干鱿鱼丝用水浸泡12小时、沥干，备用。
2 五花肉切条状；芹菜洗净、切段，备用。
3 热锅，加入1大匙色拉油，放入豆干条、鱿鱼丝炒至干香后盛出，备用。
4 洗净锅、重新加热，放入五花肉条以小火炒至出油，再加入蒜末、红辣椒丝、芹菜段、豆干条、鱿鱼丝及所有调味料，以大火快炒约1分钟拌匀即可。

Tips.料理小秘诀

酱油膏口感滑顺浓稠，适合用来做炒酱，喜欢料理浓稠的人可以用酱油膏来制作，让客家小炒更有传统的风味！

127 苦瓜炒薄肉片

材料

里脊肉片200克、苦瓜1条（约150克）、红辣椒1个、蒜末5克、葱末5克、姜末5克

调味料

酱油18毫升、水100毫升、米酒15毫升、糖6克、树子50克（不带汤汁）

腌料

米酒少许、酱油少许、淀粉少许

做法

1 苦瓜纵切后去籽，再切成约0.5厘米厚的长条后，放入沸水中煮至略软；红辣椒切圆丁备用。
2 猪里脊肉片与腌料拌匀备用。
3 热油锅，放入猪里脊肉片炒至变色后捞起备用。
4 原锅中倒入适量色拉油，放入葱末、姜末、红辣椒丁炒香，加入所有调味料与苦瓜条以中小火煮软。
5 放入猪里脊肉片拌炒均匀至略为收汁即可。

128 酸菜辣椒肉丝

材料

酸菜………… 300克
猪肉丝……… 100克
姜………………… 20克
红辣椒………… 2个

调味料

酱油………… 2大匙
糖…………… 2大匙

做法

1 酸菜洗净、切丝；姜及红辣椒洗净切丝，备用。
2 热一锅，加入少许色拉油，以小火爆香红辣椒丝及姜丝，加入猪肉丝炒至肉丝变白、松散，接着加入酱油，以小火炒至酱油收干。
3 再加入酸菜丝及糖，以中火翻炒约3分钟至水分完全收干即可。

129 爆炒咸猪肉

* 材料 *

咸猪肉……… 300克
蒜苗…………… 2根
红辣椒………… 1个
洋葱…………… 60克
罗勒…………… 10克

* 调味料 *

酱油…………1/2大匙
糖……………1/2小匙
米酒………… 1大匙
油…………… 1大匙

* 做法 *

1 咸猪肉冲洗一下，擦干、切片备用。
2 蒜苗洗净切片，将蒜白与蒜尾分开；红辣椒洗净切丝；洋葱洗净切丝，备用。
3 热油锅，放入咸猪肉片以小火炒至表面出油。
4 再放入蒜白、洋葱丝、红辣椒片快炒数下，续放入其余调味料、蒜尾、罗勒，快炒均匀入味即可。

130 姜汁烧肉片

* 材料 *

梅花肉片…… 200克
洋葱……………1/4颗
姜末…………1/2茶匙

* 调味料 *

姜汁………… 1大匙
酱油……… 3.5大匙
糖……………1.5大匙
米酒………… 2大匙
味醂………… 2茶匙
市售柴鱼高汤100毫升

* 做法 *

1 洋葱洗净切丝，备用。
2 取锅，加入所有调味料以小火煮约5分钟，再加入洋葱丝煮3分钟，接着慢慢加入梅花肉片煮约3分钟，至肉片熟透且汤汁收干。
3 起锅前加入姜末拌匀即可。

131 茄汁烩肉片

* 材料 *

猪肉片……… 120克
黄甜椒………… 30克
青椒…………… 30克
洋葱…………… 30克
白芝麻………… 适量

* 调味料 *

番茄酱……… 2大匙
白醋………… 4大匙
糖…………… 4大匙
盐…………… 少许

* 做法 *

1 黄甜椒、青椒洗净切片；洋葱去皮洗净切片，备用。
2 热锅，倒入稍多的油，待油温约70℃时，放入猪肉片过油，取出沥油备用。
3 锅中留少许油，放入做法1的材料炒香。
4 加入猪肉片及所有调味料炒匀，撒上白芝麻即可。

Tips.料理小秘诀

肉片因为薄所以很容易煮熟，如果直接炒至熟，口感会变差，因此可以先放入低温油中过油一下，让肉的表面先熟，但是内部还没完全熟，再与其他食材一起拌炒，这样肉片的口感就会滑嫩多汁。

132 照烧薄肉片

* 材料 *

里脊薄肉片… 300克
茄子…………… 1个
秋葵…………… 2支
胡椒粉………… 少许
盐……………… 少许
白芝麻………… 少许

* 酱汁 *

酱油………… 36毫升
糖……………… 20克
米酒………… 30毫升

* 做法 *

1 全部酱汁材料混合，放入锅中煮均匀（至糖完全溶解）备用。
2 里脊薄肉片摊开，撒上少许胡椒粉、盐，备用。
3 茄子从中间剖开，将带皮那面放入滚水中汆烫至软，捞起切段摆盘备用。
4 秋葵放入沸水中汆烫至外表呈翠绿色时，捞起，立即浸泡于冷水中，备用。
5 热一平底锅，倒入适量色拉油，放入里脊薄肉片以中火煎至两面上色时，淋上酱汁煮至入味，将里脊薄肉片盛入装有茄子段的盘中，于肉片上方放置秋葵，再撒上白芝麻装饰即可。

133 番茄猪柳

材料

里脊肉200克、洋葱50克、番茄100克、水100毫升

调味料

番茄酱2大匙、A1酱1大匙、糖1大匙、水淀粉1/2茶匙、香油1大匙

腌料

水1大匙、淀粉1茶匙、盐1/4茶匙、糖1/4茶匙、蛋清1大匙

做法

1 将猪里脊肉切成约1厘米粗细的条状，加入腌料抓匀，腌渍约20分钟后，再加入1大匙色拉油（分量外）抓匀；洋葱及番茄洗净切丁，备用。
2 热一锅，加入约200毫升色拉油，以大火烧热至约160℃后，加入猪里脊肉条，以半煎炸方式至肉变白即捞出，备用。
3 将锅中的色拉油倒出，锅底留少许油，以小火爆香洋葱丁、番茄丁，接着加入番茄酱、A1酱、糖及水炒匀后，再加入猪里脊肉条翻炒均匀。
4 加入水淀粉勾芡，最后再淋入香油翻炒均匀即可。

134 蚝油肉片

材料

里脊肉片200克、秀珍菇100克、红辣椒1个、葱1根、姜片2片

调味料

蚝油1大匙、酱油1小匙、米酒1小匙、糖1小匙、水2大匙

腌料

米酒1小匙、糖1小匙、蛋清1小匙、胡椒粉少许、酱油1大匙、淀粉1小匙

做法

1 里脊肉片加入所有腌料抓匀，腌约10分钟；秀珍菇洗净切片；红辣椒、葱、姜洗净切小片，备用。
2 热锅，倒入适量油烧热，放入里脊肉片过油一下即捞起沥油备用。
3 另热一锅，倒入1大匙油烧热，放入红辣椒片、葱片、姜片爆香，再加入所有调味料煮至沸腾。
4 再放入秀珍菇略炒，最后放入里脊肉片拌炒均匀入味即可。

135 红糟肉片

材料

里脊肉片…… 250克
葱………………… 1根
蒜头…………… 2颗

调味料

红糟…………1.5大匙
米酒………… 1大匙
糖…………… 1大匙
酱油…………1/2小匙
水…………… 2大匙

腌料

米酒…………… 少许
酱油…………… 少许

做法

1 里脊肉片用少许米酒、酱油拌匀，腌10~15分钟备用。
2 葱洗净切小段；蒜头切末；红糟用米酒拌匀，备用。
3 热锅，倒入2大匙油烧热，依序将做法2的所有材料下锅爆香，再放入里脊肉片炒熟，最后加入其余调味料炒匀即可。

136 鱼香肉丝

材料

猪肉丝200克、小黄瓜1条、姜末1/2茶匙、蒜末1/2茶匙、葱花1茶匙、红辣椒末少许、色拉油2大匙、水50毫升、水淀粉1茶匙

调味料

辣豆瓣酱1茶匙、酱油1茶匙、糖1茶匙、白醋1茶匙

腌料

酱油1茶匙、米酒1/2茶匙、胡椒粉少许、香油少许、淀粉1茶匙

做法

1 猪肉丝加入所有腌料一起拌匀，放入冰箱冷藏约15分钟，备用。
2 小黄瓜洗净、切丝，备用。
3 锅烧热加入色拉油，放入猪肉丝炒至肉色变白后盛出、沥油，备用。
4 原锅留1茶匙色拉油，放入蒜末、姜末、葱花、水及所有调味料以小火煮至滚，再放入猪肉丝以大火炒至汤汁收干，续放入小黄瓜丝拌炒数下，最后以水淀粉勾芡，盛盘后撒上红辣椒末即可。

137 肉片炒茄子

材料

茄子…………… 1条
五花肉……… 150克
长豆…………… 2根
红辣椒………… 1条
蒜片…………… 少许

调味料

酱油…………1.5大匙
糖……………… 1小匙
辣椒酱……… 1小匙

做法

1 五花肉切成0.1厘米薄片；茄子斜切成0.3厘米厚；长豆切成3厘米长段，备用。
2 取锅烧热，倒入多量的油，放入做法1的肉片炒至变色后盛起备用，再放入茄片煎至略软，加入长豆段拌炒一下捞起备用。
3 在做法2的锅中放入蒜片炒香，加入所有调味料及做法2所有材料，充分拌炒入味即可盛盘。

Tips.料理小秘诀

快炒料理看似简单，但要将火候和熟度掌握的刚刚好，可是一门大学问。肉片和要料理的材料，像是这道的茄子，要切的厚薄度一致，才能掌握料理时间，肉片才会炒的嫩度恰恰好。

138 银芽木耳炒肉片

材料

火锅五花肉片 100克
蒜头…………… 2颗
豆芽菜……… 100克
韭菜……………30克
泡发黑木耳…… 2朵
鸡蛋…………… 1个

调味料

酱油………… 1小匙
盐…………… 1小匙
糖……………1/2小匙

做法

1 蒜头去皮切片；豆芽菜去头洗净；韭菜洗净切段；鸡蛋打散成蛋液；泡发黑木耳去蒂头洗净切丝，备用。
2 取一炒锅，加少许色拉油加热，倒入蛋液炒至八分熟后取出，再放入五花肉片煸熟取出备用。
3 原锅中放入蒜头片爆香，放入豆芽菜、韭菜段、泡发黑木耳丝炒熟。
4 放入蛋、五花肉片及所有调味料后拌匀即可。

139 豉椒炒排骨

材料

小排骨……… 300克
青椒…………… 1个
红辣椒………… 2个
葱末…………… 少许
姜末…………… 少许
蒜末…………… 少许

调味料

干豆豉……… 1大匙
酒…………… 1大匙
蚝油………… 1小匙
水…………… 3大匙

腌料

酱油………… 1大匙
酒…………… 1小匙
淀粉………… 1小匙

做法

1 小排骨洗净切小块，加入腌料拌匀，静置约30分钟至入味备用。
2 干豆豉泡水至软；将青椒洗净剖半去子切小块；红辣椒也洗净剖半去子切小块，备用。
3 将半锅油烧热至油温约170℃时，放入小排骨，用中火炸约3分钟后捞出沥干油脂。
4 另起一锅，在热锅中加入1大匙油，加入葱末、姜末、蒜末及豆豉爆香，将酒沿锅边倒入，接着放入所有调味料煮开，再加入排骨翻炒数下至肉熟入味，最后再放下青椒及红辣椒块拌炒至汤汁收干即可。

140 味噌猪肉

材料

里脊烤肉片…… 1盒
熟白芝麻……… 少许

调味料

味噌………… 140克
糖……………1.5大匙
味醂………… 2大匙
水………… 4大匙

做法

1 将所有调味料混合均匀备用。
2 猪里脊烤肉片洗净，在每片肉片上均匀涂抹上调味酱料，腌约5分钟备用。
3 烤箱预热至180℃，放入猪里脊烧肉片烤约10分钟，取出撒上熟白芝麻即可。

141 泰北煎猪排

材料

猪排…………… 2片（约120克）
大蒜末………… 5克
红辣椒末……… 3克
罗勒末………… 3克
油……………20毫升
绿莴苣叶……… 适量
番茄瓣………… 适量
水煮土豆片…… 适量
水煮四季豆…… 适量
柠檬片………… 适量
罗勒叶………… 少许

调味料

鱼露…………20毫升
甜酱油………10毫升
椰奶…………50毫升
糖……………… 5克

做法

1 将所有的调味料混合调匀后，加入大蒜末、红辣椒末和罗勒末混合拌匀备用。
2 将猪排放入做法1中腌约30分钟。
3 取平底锅，加入20毫升油烧热，放入腌过的猪排，以中火煎至两面略焦黄且有香味溢出即可。
4 取盘，依序排入绿莴苣叶、水煮四季豆、西红柿瓣、水煮土豆片、猪排、柠檬片和罗勒叶即可。

142 香烧肉排

材料

里脊肉片……… 4片（约200克）

调味料

酱油………… 1大匙
米酒………… 1大匙
糖…………1/2大匙
沙茶酱……… 1小匙
蒜泥…………1/2小匙

做法

1 里脊肉片加入所有调味料拌匀，腌渍约10分钟后取出备用（腌渍酱保留）。
2 热锅，倒入适量色拉油，放入里脊肉片以中小火煎至两面上色且熟透，倒入做法1的腌渍酱略烧煮至酱汁微滚即可。

Tips.料理小秘诀

如果是买整块里脊肉回来，可以先将其切成薄片再分装冷冻，如此一来就不用担心整块肉退冰后，没用完的部分会坏掉了。

143 客家咸猪肉

材料

五花肉1800克、青蒜1根

蘸酱

蒜末2大匙、白醋1大匙

腌料

八角1粒、蒜头（切末）10颗、白胡椒粉1大匙、花椒粒2大匙、甘草粉1/4大匙、百草粉1茶匙、五香粉1大匙、盐5大匙、糖1/2杯、味精1大匙、酱油1/2杯、米酒1/2杯

做法

1 将五花肉洗净后，切约3厘米厚度条状，放入全部腌料中腌约3天。
2 将五花肉取出，用清水将腌料一并洗掉后，蒸约30分钟。
3 起油锅，将五花肉放入锅中，煎至表面呈金黄色（也可用烤箱烤）。
4 将青蒜切斜片垫底，再将五花肉切片后，排于盘上，所有蘸酱调匀，搭配蘸食即可。

144 红椒酿肉

材料

红辣椒………… 10个
猪肉泥……… 200克
葱末…………… 10克
姜末…………… 10克

调味料

A 糖 ……… 1茶匙
酱油……… 2大匙
淀粉………1/2茶匙
香油………… 茶匙
B 酱油……… 3大匙
水……… 100毫升
糖………… 1茶匙

做法

1 红辣椒洗净后对切去籽，在红辣椒内层撒上一层薄薄的淀粉（分量外）备用。
2 猪肉泥加入葱末、姜末和调味料A混合拌匀成馅料。
3 取适量做法2的馅料，酿入红辣椒内，重覆此步骤至红辣椒用完为止。
4 热锅，加入2大匙色拉油（材料外），将红辣椒酿肉面向下排放入锅中，以中火将肉表面煎至微焦香后再翻面，接着加入混合拌匀的调味料B，以中火煮至滚沸后，改转小火煮约5分钟至汤汁略收干，即可盛盘。

145 香煎肉卷

材料

猪肉片……… 120克
红甜椒………… 20克
洋葱…………… 20克
青椒…………… 20克

调味料

盐……………… 少许
粗黑胡椒粒…… 适量

做法

1 红甜椒、洋葱、青椒洗净切丝备用。
2 取适量做法1的材料放在猪肉片上，再卷起成肉卷备用。
3 热锅，倒入适量油，放入肉卷，以小火煎至熟透。
4 撒上所有调味料即可。

Tips.料理小秘诀

因为青椒、红甜椒、洋葱可以直接生吃，因此只要肉片煎熟了就可以直接食用，但是如果肉卷中包的是不能直接生吃的食材，记得先烫熟沥干再包入，以免当里面的食材煎熟时，肉已经过干过老。

146 藕香肉饼

材料

猪肉泥200克、莲藕泥100克、青菜梗适量

调味料

A 姜泥1/2小匙、糖1/2小匙、鲜美露1/2大匙、香油1/2大匙、盐少许、胡椒粉少许

B 酱油1大匙、米酒1大匙、糖1/2大匙

做法

1 青菜梗洗净汆烫后切小丁；调味料B调匀成酱汁，备用。
2 猪肉泥加入盐拌打出肉泥黏性，再加入其余调味料A、莲藕泥以及青菜梗丁，搅拌均匀后均分为四等份，捏成圆饼状备用。
3 热锅，倒入适量色拉油，放入肉饼以中小火煎至熟透，淋入酱汁略煮至上色后起锅摆盘，淋上锅中剩余酱汁即可。

Tips.料理小秘诀

青菜梗旨在增加口感，可选用上海青或小白菜等脆口的菜梗。没用完的莲藕、青菜也能下锅一起煮入味后，搭配食用。

147 千层乳酪排

材料

五花肉薄片4片（约45克）、海苔1/4片、乳酪丝适量、淀粉适量、低筋面粉适量

调味料

盐、胡椒粉各少许

做法

1 五花肉薄片撒上少许盐和胡椒粉备用。
2 取2片五花肉薄片交叠摊平，撒上薄薄的淀粉后贴上海苔，摆入适量乳酪丝，再交叠覆上剩下的2片五花肉薄片，裹上薄薄的低筋面粉，备用。
3 热锅，倒入适量色拉油，放入乳酪排以中小火煎至两面呈金黄即可。

Tips.料理小秘诀

市售的五花肉肉片（培根）也可叠起来增加厚度，料理更方便，想要吃薄就单片料理，想吃厚肉块就叠起来煮。

148 打抛猪肉

材料

猪肉泥……… 150克
罗勒…………… 30克
蒜头…………… 20克
红辣椒………… 20克
姜……………… 20克

调味料

辣椒酱……… 1大匙
柠檬汁……… 1大匙
香油………… 1小匙
辣椒油……… 1大匙
酱油………… 1大匙
鸡精………… 1小匙
米酒………… 1大匙

做法

1 蒜头、红辣椒、姜洗净切末；罗勒洗净挑除老梗，备用。
2 热锅，倒入适量油，放入蒜末、红辣椒末、姜末爆香。
3 再放入猪肉泥炒至变白，加入所有调味料炒匀。
4 加入罗勒炒匀即可。

Tips.料理小秘诀

打抛猪肉的打抛是指泰国的一种植物，外观类似罗勒，但是味道没那么重，由于很多地方不容易买到打抛叶，大都以类似的罗勒代替。

149 蚂蚁上树

材料

干粉条……… 100克
猪肉泥……… 150克
蒜末………… 1大匙
红辣椒片……… 10克
葱花…………… 适量

调味料

辣椒酱……… 2大匙
酱油………… 1小匙
乌醋………… 2小匙
糖…………… 1大匙
米酒………… 1大匙
胡椒粉………1/2小匙
水………… 240毫升

做法

1 将干粉条浸泡在冷水中至软化，捞出沥干水分，对半剪段备用。
2 热锅，倒入少许色拉油，以小火爆香蒜末、红辣椒片，再放入猪肉泥拌炒至表面变白，加入所有调味料以大火烧至汤汁滚沸，放入粉条段转至小火烧煮至收汁，关火撒上葱花拌匀即可。

150 萝卜干炒肉末

材料

猪肉泥……… 150克
萝卜干……… 100克
葱………………… 30克
红辣椒………… 30克
香菜…………… 适量

调味料

鸡精…………1/2小匙
糖…………… 1小匙

做法

1 萝卜干、葱、红辣椒洗净切末备用。
2 热锅，倒入适量油，放入红辣椒末、葱末爆香。
3 再放入猪肉泥炒至变白，加入萝卜干末炒匀。
4 加入所有调味料及香菜炒匀即可。

151 肉泥炒三丁

材料

猪肉泥……… 120克
青椒…………… 1个
番茄…………… 1个
黑木耳………… 2朵
蒜末…………… 10克

调味料

盐……………1/2小匙
糖……………1/3小匙
鸡精…………1/2小匙
番茄酱……… 1大匙

做法

1 青椒、黑木耳洗净切丁备用。
2 番茄洗净，尾部划十字刀，放入沸水中汆烫去皮后，去籽切丁备用。
3 热锅，放入2大匙油，加入蒜末爆香后，放入猪肉泥炒至肉色变白。
4 再加入青椒丁、木耳丁及番茄丁拌炒至熟后，加入所有调味料调味即可。

152 肉末酸豆角

材料

猪肉泥150克、酸豆100克、红辣椒1个、蒜末1/2茶匙、色拉油1大匙

调味料

盐1/4茶匙、糖1/2茶匙

腌料

酱油1茶匙、米酒1/2茶匙、胡椒粉少许、香油少许、淀粉1茶匙

做法

1 猪肉泥加入所有腌料一起腌渍约10分钟，备用。
2 酸豆洗净、切丁；红辣椒洗净切小丁，备用。
3 锅烧热，加入色拉油，放入猪肉泥以中火炒至散开且肉色变白，再加入蒜末、红辣椒丁炒约30秒，续放入酸豆丁以小火炒约3分钟，续加入所有调味料再炒3分钟至熟即可。

153 蒜苗炒香肠

材料

香肠…………… 3根
蒜苗…………… 2根

调味料

酱油………… 1小匙
糖……………1/4小匙
米酒………… 1大匙

辛香料

红辣椒………… 1个

做法

1 香肠洗净，放入锅中蒸约3分钟至熟，取出待凉后切片，备用。
2 红辣椒洗净切片；蒜苗洗净切片，分为蒜白及蒜绿，备用。
3 热锅，加入2大匙油，放入香肠片炒香，再加入红辣椒片及蒜白拌炒，接着加入所有调味料及蒜绿炒匀即可。

Tips.料理小秘诀

香肠先蒸过再切会比较好切，同时也有定型作用，能避免炒的时候变形影响美观。

154 宫保肥肠

材料

肥肠300克、葱段20克、姜片25克、蒜末25克、干辣椒8个、花椒15粒、去皮蒜花生50克、小黄瓜丁50克、色拉油30毫升

调味料

酱油1茶匙、味精1/4茶匙、糖1/2茶匙、白醋1/2茶匙、淀粉1/4茶匙

肥肠前置处理材料

姜片50克、葱段10克、八角5粒、白醋1/2量杯、盐1大匙

做法

1 前处理：先将肥肠加入盐搓揉数下，加入白醋再搓揉2分钟后用水冲洗干净，再加入肥肠前置处理材料中的姜片、葱段、八角及可盖过材料的水，一起煮约30分钟捞起，切成长约3厘米的小段备用。
2 热锅，倒入色拉油烧热，加入肥肠炸至表面微黄捞起。
3 将调味料的酱油、味精、糖、淀粉一起调匀兑成汁备用。
4 同锅转小火，放入干辣椒段、花椒，转中火炒约30秒，再加入姜片、葱段、蒜末一起炒匀爆香。
5 放入肥肠、小黄瓜丁及兑汁，转中火快炒约3分钟，起锅前再加入白醋、去皮蒜花生一起炒匀即可。

155 姜丝肥肠

✱材料✱

处理好的肥肠………………600克
嫩姜……………1块
蒜末……………10克
红辣椒…………1个

✱调味料✱

米酒…………2大匙
盐……………1/3小匙
鸡精…………1/2小匙
糖……………1大匙
醋精…………1大匙
香油……………少许
油……………2大匙

✱做法✱

1 肥肠清洗处理后，放入滚水中汆烫约1分钟，取出备用。
2 将肥肠切段；嫩姜洗净切丝；红辣椒洗净切丝，备用。
3 热锅，倒入油，放入蒜末及姜丝爆香，再放入肥肠段以大火炒数下。
4 加入米酒，盖上锅盖，以中火焖煮约2分钟，再放入红辣椒片、其余调味料炒入味即可。

肥肠前处理

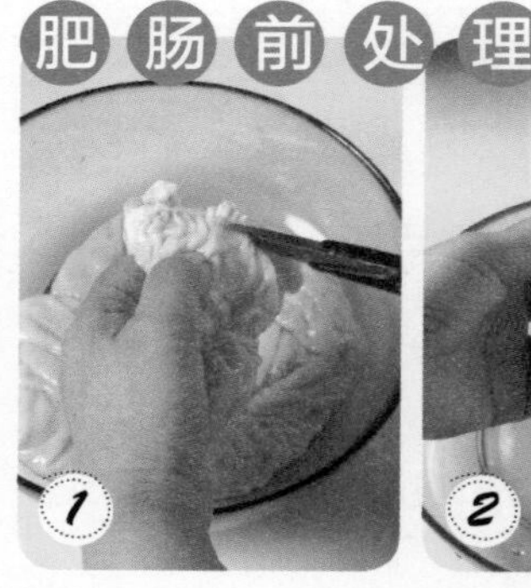

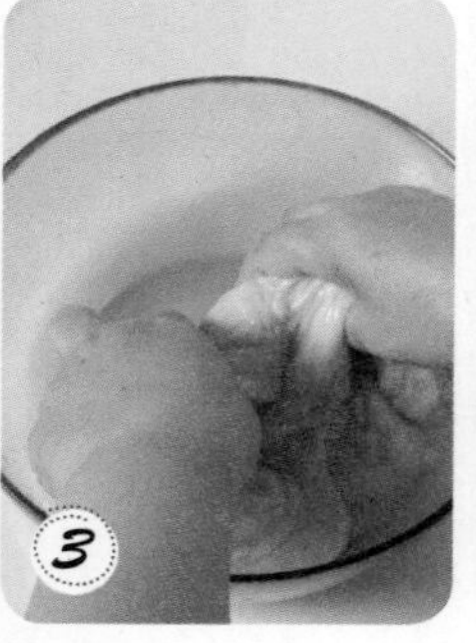

1 剪去肥肠头双边开口处的杂质。
2 将肥肠以竹筷辅助内外翻面后清洗干净，再以剪刀去除此面多余的脂肪。
3 加入适量盐搓揉，去除表面黏液后洗净。
4 再加入适量的面粉搓揉，使之去腥，且颜色白皙后，洗净即可。

备注：清洗一条肥肠使用的盐约1大匙，面粉约1/3杯。

156 芹菜炒肥肠

材料

市售卤肥肠…200克
芹菜……3根
葱……1根
蒜头……3颗
红辣椒……1/3个
姜……10克
胡萝卜……10克

调味料

盐……少许
白胡椒粉……少许
酱油……1小匙
鸡精……少许
盐……少许
白胡椒粉……少许
香油……1小匙
米酒……1大匙

做法

1 将市售卤肥肠切圈，备用。
2 芹菜、葱洗净切小段；蒜头、红辣椒、姜、胡萝卜洗净皆切片，备用。
3 热锅，加入1大匙色拉油，放入做法2的所有材料，以中火爆香。
4 加入肥肠与所有调味料，续以中火翻炒均匀即可。

157 猪肚炒蒜苗

材料

市售熟猪肚……1个（350克）
蒜苗……3根
芹菜……3根
红辣椒……1个
蒜头……3颗

调味料

沙茶酱……1小匙
米酒……1大匙
香油……1小匙
盐……少许
白胡椒粉……少许

做法

1 市售熟猪肚切小条备用。
2 蒜苗和芹菜洗净切斜段；红辣椒和蒜头洗净切片备用。
3 起锅，加入少许油烧热，放入做法2的材料爆香，再加入猪肚片和所有调味料炒匀至汤汁略收即可。

158 葱爆肥肠

材料

肥肠300克、葱6根

调味料

盐1.5茶匙、白醋3大匙、酱油1茶匙、糖1/2茶匙

辛香料

姜片30克、红辣椒1/2个、八角3粒

做法

1 将肥肠以1茶匙盐搓洗、冲水，再加白醋搓揉再冲水，以去除酸味。
2 将3根葱洗净切成2厘米长的段，葱白和葱绿分开；红辣椒洗净切片备用。
3 将去酸味的肥肠放入滚水中，加入另3根葱和姜片、八角煮45分钟捞出，待放凉后切成3厘米长的段。
4 取锅烧热后，加入1大匙油，先放入切好的肥肠段，以小火炒至出油且表面略黄。
5 续加入做法2的葱白与红辣椒片，以小火慢炒至焦黄。
6 最后加入剩余的调味料及葱绿部分，以中火炒2分钟即可。

159 香油猪心

材料

猪心………… 300克
老姜片………… 50克
豌豆苗……… 150克

调味料

黑香油……… 50毫升
米酒………… 50毫升
水………… 300毫升
鸡精………… 1小匙
糖……………1/2小匙

做法

1 猪心切片，以清水冲去血水洗净备用。
2 豌豆苗洗净后放入滚水中汆烫至熟，捞出并铺入盘中，备用。
3 起一炒锅，倒入黑香油与老姜片，以小火慢慢爆香至老姜片卷曲，再加入米酒、水、猪心片，以中火煮至滚沸。
4 加入鸡精、糖拌匀调味，最后盛至豌豆苗上即可。

160 小黄瓜炒猪肝

材料

猪肝200克、小黄瓜2条

调味料

淀粉1.5茶匙、盐1/2茶匙、水50毫升、酱油1茶匙、糖1/2茶匙、胡椒粉1/2茶匙

辛香料

蒜末1/2茶匙、红辣椒片10克

做法

1 将猪肝切0.5厘米厚的片，冲水去血污后沥干；小黄瓜洗净切斜片，红辣椒洗净切片，备用。
2 将猪肝汆烫，趁热与淀粉拌匀。
3 取锅烧热后，加入半锅油烧热至180℃，放入做法2烫好裹粉的猪肝，以小火炸1分钟后捞出，并将油倒出。
4 重新加热原锅，放入所有辛香料、小黄瓜片与盐，以大火炒1分钟。
5 再放入略炸过的猪肝及其余的调味料，快炒2分钟即可。

161 香油炒猪肝

材料

猪肝…………300克
老姜片…………50克
菠菜…………150克

腌料

糖……………1/2小匙
蛋清…………1大匙
酱油…………1小匙
淀粉…………1小匙

调味料

黑香油………50毫升
米酒…………50毫升
水…………300毫升
鸡精…………1小匙
糖……………1/2小匙

做法

1 猪肝切片、以清水冲去血水后洗净，混合所有腌料与猪肝片腌渍，再取出猪肝片放入滚水中，汆烫至表面变白，捞出以清水冲洗并沥干备用。
2 菠菜洗净后切段，放入滚水中汆烫至熟，捞出沥干水分，铺入盘中备用。
3 起一炒锅，倒入黑香油与老姜片，以小火慢慢爆香至老姜片卷曲，再加入米酒、水、猪肝片，以中火煮至沸腾，再以鸡精、糖调味，最后盛至菠菜上即可。

162 醋熘猪心

材料

猪心……………1个
小黄瓜…………70克
胡萝卜…………20克
葱………………2根
姜片……………5克
蒜片……………5克
红辣椒…………1个

调味料

A 淀粉 ………15克
盐……………2克
米酒………5毫升
B 水淀粉……10毫升
乌醋………60毫升
米酒………5毫升
糖……………15克
C 香油 ……5毫升

做法

1 猪心洗净后沥干，切成片状，用调味料A腌5分钟至入味，再以滚水汆烫一下，捞起沥干水分备用。
2 红辣椒洗净切细丝；葱洗净切段；小黄瓜、胡萝卜洗净切片；调味料B调匀混合成调味汁备用。
3 热油锅，以小火爆香葱段、姜片、蒜片及红辣椒丝，加入猪心及胡萝卜片、小黄瓜片，用大火快炒约30秒后，再一面倒入调味汁，一面快速翻炒，炒匀后滴入香油即可。

163 香油腰子

材料

猪腰子……… 300克
老姜片………… 50克
上海青……… 150克

调味料

黑香油……… 50毫升
米酒………… 50毫升
水………… 300毫升
鸡精………… 1小匙
细砂糖………1/2小匙

腌料

蛋清………… 1大匙
酱油………… 1小匙
淀粉………… 1小匙

做法

1 猪腰子对剖，去除里面的白筋，以清水冲洗后切成斜块状，再用刀划出十字花纹，备用。
2 将猪腰子与所有腌料混合均匀，腌渍后捞出猪腰子放入滚水中氽烫至表面变白，再捞出猪腰子以清水冲洗并沥干备用。
3 上海青洗净后切段，放入滚水中氽烫至熟，再捞出沥干水分，铺入盘中备用。
4 起一炒锅，倒入黑香油与老姜片，以小火慢慢爆香至老姜片卷曲，再加入米酒、水、猪腰子片，以中火煮至沸腾，再以鸡精、细砂糖拌匀调味，最后盛至上海青上即可。

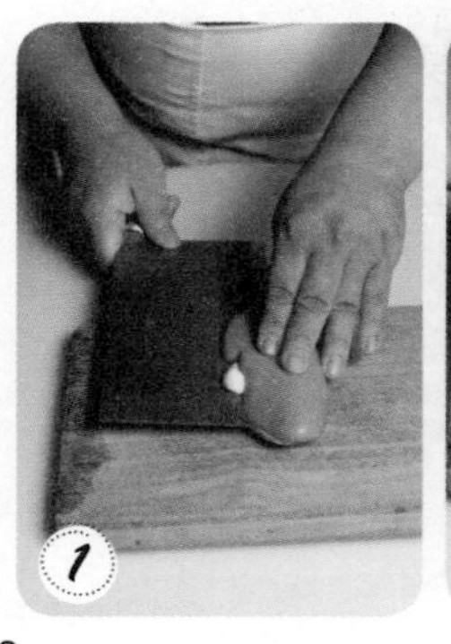
1

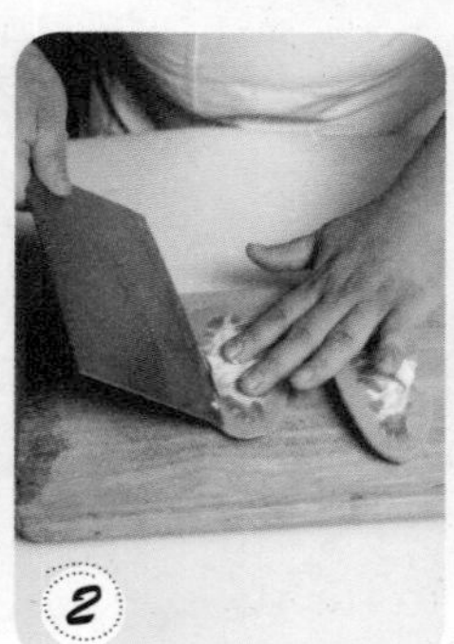
2

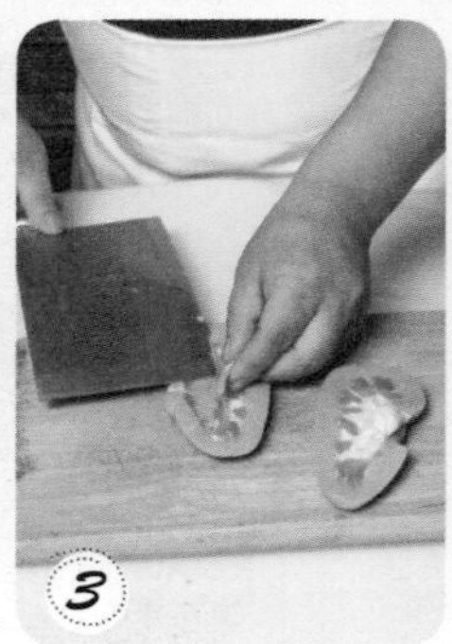
3

4

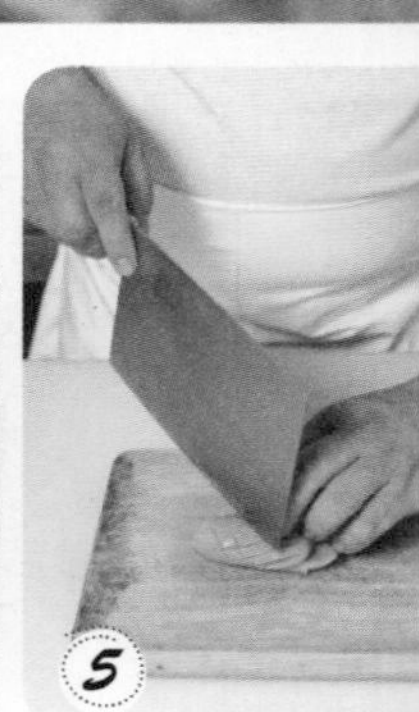
5

164 日式炸猪排

材料

里脊肉片…… 200克
盐……………… 少许
胡椒…………… 少许

佐料

圆白菜丝……… 适量
市售猪排酱…… 适量
现磨芝麻……… 适量

裹粉料

低筋面粉……… 适量
鸡蛋（取蛋液） 1个
面包粉………… 适量

做法

1 将里脊肉片用刀子在肉片四周划开、断筋后，双面撒上盐、胡椒，放置约10分钟备用。
2 将里脊肉片依序沾上低筋面粉、蛋液、面包粉。
3 取一油锅，放入适量油烧热至约170℃。
4 将猪排放入油锅中，以中小火油炸。
5 炸至猪排表面呈金黄色、拨动后能浮起，夹起沥油。
6 猪排切片盛盘，放入圆白菜丝，搭配现磨芝麻及市售猪排酱即可。

Tips.料理小秘诀

猪排每块肉重量大小不同，油炸时间很难以具体量化，因此能正确判断捞起的时间可真是一门学问。猪排刚放入油中，会沉入油底部，炸过一段时间之后，猪排水分减少，重量减轻，就会渐渐浮起，若表面已呈金黄，拨动后又能浮起，就是最佳的起锅时间。

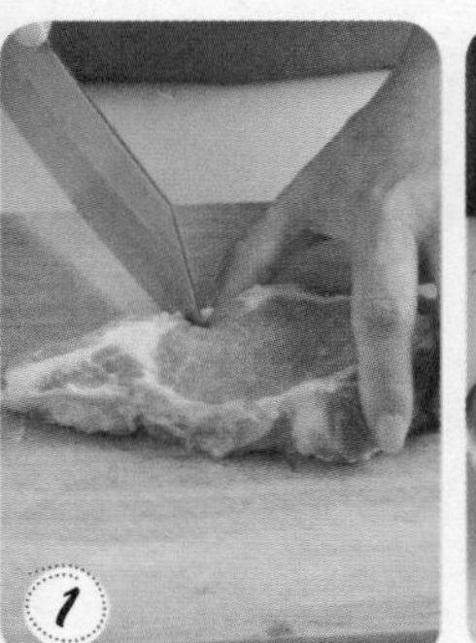
1

2

3

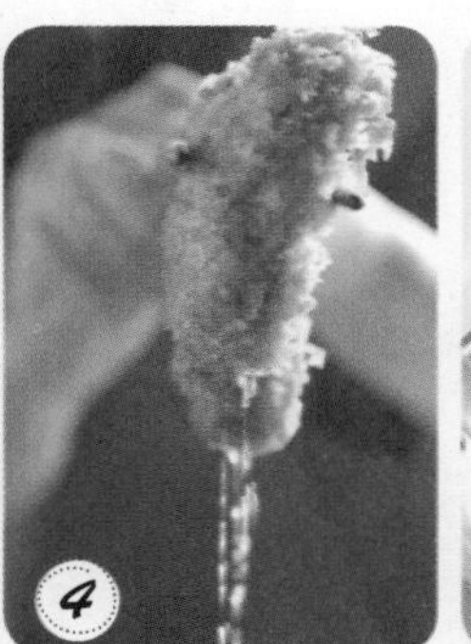
4

5

165 五香排骨

材料

里脊肉排……… 2片

调味料

蒜末………… 1大匙
红辣椒末…… 1大匙
酱油………… 2大匙
醋…………… 2大匙
糖…………… 2大匙

腌料

酒…………… 1大匙
糖…………… 1小匙
盐…………… 1小匙
五香粉……… 1小匙
地瓜粉……… 1大匙

做法

1 里脊肉排洗净，用刀背或肉锤略拍数下，加入所有腌料拌匀，静置约1小时至入味备用。
2 将半锅油烧热至约170℃时，放入里脊肉排，用小火炸约1分钟至里脊肉排浮上油面，且表面呈金黄色后，捞起沥干油脂，切成大块摆盘。
3 另起一锅，热锅后加入所有调味料，用小火煮至糖完全溶化后，趁热淋在里脊肉排上即可。

166 黄金炸排骨

材料

里脊肉排2片、鸡蛋（取蛋液）1个、地瓜粉1杯

腌料

蒜末5克、葱末5克、酱油1大匙、白糖1/2大匙、米酒2大匙、盐少许、胡椒粉少许、五香粉少许

做法

1 将排骨洗净后擦干水分，再用肉锤或刀背拍打数下后，备用。
2 将所有腌料倒入碗中，搅拌匀匀，备用。
3 把排骨放入容器中，把蛋液及腌料一起放入与排骨搅拌均匀，腌约15分钟。
4 地瓜粉铺平于盘内，将排骨两面均匀地沾上地瓜粉，备用。
5 起一锅，锅中放入适量油，让油烧热至约170℃。
6 把排骨放入锅中油炸，再改转中火油炸2分钟后捞起，备用。
7 续将油烧热至约180℃，再将捞起的排骨放入锅中炸约30秒钟后，即可装盘。

167 吉利炸猪排

材料

里脊肉排……… 2片
火腿…………… 1片
乳酪片………… 1片
面粉……………1/2杯
鸡蛋（取蛋液） 1个
面包粉………… 1杯
美生菜丝……… 适量

调味料

盐……………… 少许
胡椒粉………… 少许

做法

1 肉排洗净擦干水分，放入袋中，将两片拍打至厚度、外形一致，即可取出备用。
2 在肉排撒上调味料，取一片肉排，放上乳酪片及火腿片。
3 盖上另一片肉排，再用刀背拍打肉排的边缘，使肉排的边缘黏合并且定型。
4 取3个盘子，分别放入面粉、蛋液、面包粉，备用。
5 将肉排放入做法4的面粉先沾一层，再沾蛋液最后表面沾面包粉。
6 取锅，将适量油放入锅中烧热至约160℃，将肉排炸约4分钟至金黄酥脆，即可捞起。
7 再将肉排对切成两等份，放入盘中后再放适量的美生菜丝即可。

Tips.料理小秘诀

肉排拍松后，再稍稍整理切除掉多余的肉块，让两片肉排整齐，外观也较好看。

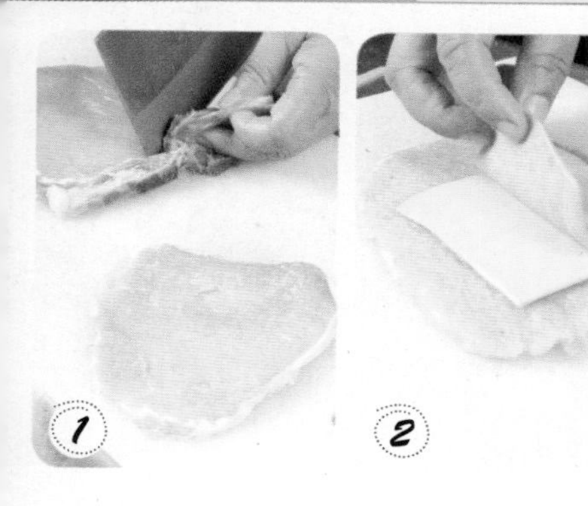

168 台式炸猪排

材料

里脊肉排2片（约150克）

炸粉

地瓜粉1/2杯

腌料

蒜泥15克、酱油1茶匙、五香粉1/4茶匙、料酒1茶匙、水1大匙、蛋清15克

做法

1 将厚约1厘米的里脊肉排用肉槌拍成厚约0.5厘米的薄片，用刀把里脊肉排的肉筋切断。
2 所有腌料拌匀后倒入盆中，放入里脊肉排抓拌均匀，腌渍约20分钟，备用。
3 取出里脊肉排放入炸粉中，用手掌按压让炸粉沾紧，翻至另一面同样略按压后，拿起轻轻抖掉多余的炸粉。
4 将里脊肉排静置约1分钟让炸粉回潮；热油锅至油温约150℃，放入里脊肉排以小火炸约2分钟，再改中火炸至表面呈金黄酥脆状后起锅即可。

169 红糟猪排

材料

里脊肉排……… 2片
地瓜粉………… 1杯

腌料

红糟………… 3大匙
米酒………… 2大匙
细砂糖……… 1大匙

做法

1 将肉排洗净擦干水分，装入袋中以肉槌拍打数下后，取出备用。
2 取一容器将肉排放入，并加入所有腌料腌约15分钟，备用。
3 取一盘将地瓜粉倒入盘中，将肉排两面均匀沾上地瓜粉后，放置约15分钟。
4 起一锅，放入适量油烧热至约160℃，放入肉排，转小火炸约2分钟后，捞起备用。
5 再将油锅烧热至约180℃后，续放入肉排炸30秒钟，即可捞出。

170 香草猪排

材料

里脊肉排……… 2片（约150克）

腌料

盐……………1/4茶匙
细砂糖………1/4茶匙
迷迭香粉……1/6茶匙
香芹粉………1/6茶匙
意式综合香料 1/6茶匙
白胡椒粉……1/6茶匙

吉利炸粉

鸡蛋…………… 2个
低筋面粉……… 50克
面包粉……… 100克

做法

1 里脊肉排用肉槌拍松，用刀把里脊肉排的肉筋切断；鸡蛋打散成蛋液，备用。
2 将所有腌料拌匀，均匀的撒在里脊肉排上抓匀，腌渍约20分钟，备用。
3 取出腌好的里脊肉排，两面均匀地沾上低筋面粉，轻轻抖除多余的粉后沾上蛋液，再沾上面包粉，并稍微用力压紧。
4 抖除做法3里脊肉排上多余的面包粉；热油锅至油温约120℃，放入里脊肉排以小火炸约2分钟，再改中火炸至外表呈金黄酥脆后起锅即可。

171 排骨酥

材料

排骨………… 600克
面粉…………… 20克
地瓜粉……… 100克

调味料

蒜末…………… 30克
酱油………… 1大匙
料酒………… 1茶匙
五香粉………1/2茶匙

做法

1 排骨洗净剁小块，加入所有调味料拌匀腌渍30分钟，加入面粉拌匀增加黏性。
2 将排骨均匀沾裹地瓜粉后，静置约1分钟备用。
3 热油锅，待油温烧热至约180℃时，放入排骨以中火炸约10分钟，至表皮呈金黄酥脆时捞出沥油即可。

Tips.料理小秘诀

腌好的排骨表面水分多，直接沾地瓜粉，附着性差，加入面粉可增加排骨表面的黏性。

172 香椿排骨

* 材料 *

排骨………… 500克
香椿…………… 50克
鸡蛋（取蛋液） 1个
面包粉……… 150克
淀粉…………… 50克

* 调味料 *

盐……………… 1小匙
细砂糖……… 1小匙
胡椒粉………… 少许

* 做法 *

1 排骨洗净并擦干水分；香椿叶洗净沥干水分切碎，备用。
2 将面包粉与淀粉混合拌匀，备用。
3 将排骨放入容器中，加入蛋液、调味料，一起搅拌均匀后腌20分钟，备用。
4 加入香椿碎一起拌均匀，备用。
5 将排骨放入做法2中均匀沾粉后，备用。
6 起一锅，放入适量油烧热至约160℃，将排骨放入油锅中，炸约3分钟至外观呈金黄色即可捞出。

173 香酥猪肋排

* 材料 *

排骨………… 300克
蒜头酥………… 20克
红葱酥………… 10克
红辣椒末……… 5克

* 调味料 *

A 盐 …………1/4匙
鸡精…………1/4匙
砂糖…………1/2匙
苏打粉………1/8匙
蛋清……… 1大匙
料酒…………1/2匙
水………… 1大匙
淀粉……… 3大匙
B 椒盐粉…… 1茶匙

* 做法 *

1 排骨剁成小块，洗净沥干水分，备用。
2 将所有调味料A调匀，放入排骨块腌约30分钟。
3 热锅，倒入约500毫升的色拉油烧热至油温约150℃，将排骨一块块放入油锅中，以小火慢炸约10分钟至排骨块表面酥脆后捞起沥油。
4 另热一锅，放入少许色拉油烧热，以小火炒香蒜头酥、红葱酥及红辣椒末，加入排骨块，再撒上椒盐粉，以小火拌炒均匀即可。

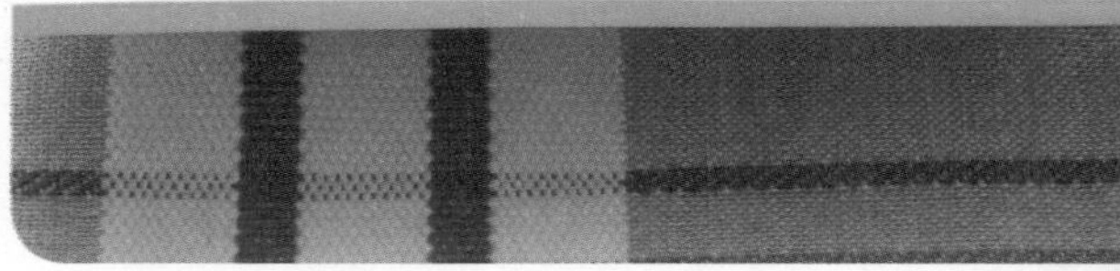

174 炸红糟肉

材料

五花肉……… 600克
姜末…………… 5克
蒜末…………… 5克
市售红糟酱… 100克
鸡蛋（取蛋黄） 1个
地瓜粉………… 适量
小黄瓜片……… 适量

调味料

酱油………… 1小匙
盐……………… 少许
米酒………… 1小匙
糖…………… 1小匙
胡椒粉………… 少许
五香粉………… 少许

做法

1 五花肉洗净、沥干水分，与姜末、蒜末、所有调味料拌匀，再用市售红糟酱抹匀五花肉表面，即为红糟肉。
2 将红糟肉封上保鲜膜，放入冰箱中，冷藏约24小时，待入味备用。
3 取出红糟肉，撕去保鲜膜，用手将肉表面多余的红糟酱刮除，再与蛋黄拌匀，接着均匀沾裹上地瓜粉，放置约5分钟，待吸收汁液备用。
4 热油锅，待油温烧热至约150℃时，放入红糟肉，用小火慢慢炸，炸至快熟时，转大火略炸逼出油分，再捞起沥干油。
5 待凉后，将红糟肉切片，食用时搭配小黄瓜片增味即可。

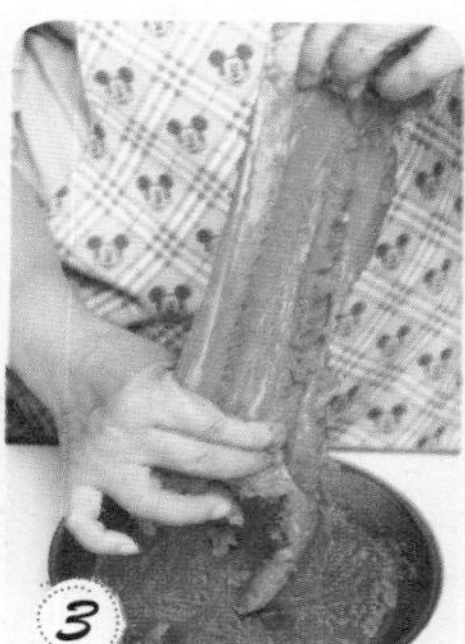

175 美式猪排卷

材料

中里脊肉……… 1条
土豆……………1/2个
奶酪片………… 4片

调味料

胡椒盐………… 少许
番茄酱………… 少许
低筋面粉……… 少许

做法

1 中里脊肉洗净后切除筋膜，横切成薄片，并在表面上轻划几条刀痕；土豆去皮洗净，切成0.5厘米厚的长条状备用。
2 在中里脊排上撒上胡椒盐、抹上番茄酱，铺上1片奶酪片，再于中里脊排的一端放置1条土豆条卷起，插入牙签固定后，表面上再沾裹少许面粉。
3 将半锅油烧热至约170℃时，放入猪排卷，用小火炸约5分钟至颜色呈金黄色，再转大火炸约30秒就捞起沥油，待凉后切段摆盘即可。

176 塔香猪肉卷

材料

五花肉片……… 20片
罗勒…………… 50片
七味粉……… 1小匙
胡椒盐……… 1小匙

做法

1 罗勒去梗，将叶片洗净备用。
2 取2片五花肉片撒上薄薄层一淀粉（分量外），将5片罗勒叶放在肉片上卷起成猪肉卷，依序做成10卷，均匀裹上一层淀粉备用。
3 取一锅，加入5分满的色拉油，加热至中油温（120~140℃），放入肉卷炸至金黄色捞起备用。
4 撒上七味粉及胡椒盐即可。

Tips.料理小秘诀

这道菜要直接吃罗勒的叶片，因此粗梗老叶最好都去除，挑选整枝罗勒上方的嫩叶口感最好。

177 椒盐脆丸

材料

A 猪肉泥 … 300克
荸荠……… 100克
葱…………… 30克
姜…………… 30克
B 葱…………… 20克
蒜头………… 10克
红辣椒……… 10克

调味料

A 酱油 …… 1小匙
米酒……… 1小匙
香油……… 1小匙
淀粉……… 1小匙
白胡椒粉… 1小匙
B 胡椒盐……… 适量

做法

1 材料A的荸荠、葱及姜洗净切末，与猪肉泥、所有调味料A混合捏成小丸子备用；材料B皆洗净切末，备用。
2 热锅，倒入半锅油加热至约150℃，放入小丸子炸至定型，取出备用。
3 原锅中留少许油，放入做法1的材料B爆香，再放入小丸子炒匀，撒上胡椒盐即可。

178 燕麦丸子

材料

燕麦片……… 200克
猪肉泥……… 300克
葱末…………… 5克

调味料

酱油…………1/2小匙
白胡椒粉……1/4小匙

做法

1 将所有材料混匀，再加入混合的调味料拌匀后，略摔打成肉馅。
2 将肉馅捏成等份的小圆球。
3 油锅加热至约150℃，放入燕麦丸子，炸约3分钟至熟即可。

179 脆皮肥肠

* 材料 *

肥肠………… 150克
葱……………… 1根

* 调味料 *

胡椒粉……… 1小匙
鸡精…………1/4小匙
盐……………1/2小匙
淀粉…………… 适量

* 洗肠材料 *

盐…………… 1大匙
面粉…………1/3杯

* 卤料 *

葱段…………… 20克
姜片…………… 15克
八角…………… 1粒
酱油………… 2大匙
冰糖………… 1小匙

* 做法 *

1 肥肠处理清洗干净。（清洗做法见P124）
2 将做法1的肥肠放入沸水中汆烫约3分钟，捞出备用。
3 取一锅，加入1200毫升水、卤料、肥肠煮滚后，盖上锅盖以小火煮约1小时，熄火待凉再取出备用。
4 胡椒粉、鸡精、盐混合成胡椒盐备用。
5 将葱塞入肥肠中，再于肥肠表面抹上少许淀粉，再放入热油锅中，炸至表面酥脆即可。
6 食用时，将肥肠切厚片，再蘸胡椒盐食用即可。

180 卤蹄髈

材料

蹄髈1支（约750克）

卤包

草果2颗、桂皮8克、八角5克、花椒5克、沙姜10克、甘草8克、香叶3克

卤汁

水1600毫升、酱油500毫升、细砂糖100克、料酒200毫升、葱2根、姜50克、红辣椒4个、蒜头40克

做法

1 蹄髈洗净；草果洗净拍碎和其余卤包材料一起放入卤包袋包好；葱、姜、蒜头洗净，红辣椒去蒂头洗净，一起沥干拍松，备用。
2 热锅，中火爆香葱、姜、蒜头和红辣椒，炒至微焦取出，放入汤锅中，加入其余卤汁材料和卤包，煮至滚沸转小火续滚约5分钟，至散发香味即为卤汁。
3 煮一锅滚沸的水，放入蹄髈汆烫约3分钟，捞出沥干，放入卤汁中，以小火让卤汁保持微滚，盖上锅盖卤约50分钟后熄火，再焖约30分钟即可（盛盘后可另加入西蓝花、红辣椒丝配色）。

181 腐乳肉

材料

五花肉……… 500克
上海青………… 5颗
姜……………… 50克
葱……………… 1根
蒜末………… 1茶匙
水………… 300毫升

调味料

A 红腐乳……… 3块
绍兴酒……… 3大匙
酱油 ………… 2茶匙
B 水淀粉……… 1茶匙

做法

1 五花肉切大条，入锅煮约15分钟后捞出，待凉、切小块，备用。
2 姜洗净切片、葱洗净切段，备用。
3 调味料A混合压成泥，再放入五花肉块拌匀，接着放上姜片、葱段，移入蒸锅内蒸约30分钟后取出，挑除姜片、葱段，备用。
4 热锅，加入1茶匙油，放入蒜末炒香，续放入五花肉块，并加入300毫升水，以小火煮约20分钟待汁收少。
5 上海青汆烫熟，盛盘围边；烫青菜汤汁加入水淀粉勾芡，备用。
6 将做法4的肉倒除汤汁，倒扣在做法5的菜盘中，再淋上1大匙芡汁于肉上即可。

182 东坡肉

材料

五花肉……… 600克
姜片…………… 50克
红辣椒………… 2个
蒜头…………… 7颗
葱段…………… 3根
煮五花肉的高汤 适量
粽绳…………… 2条

调味料

酱油………… 2大匙
冰糖………… 100克
绍兴酒……… 1大匙

卤包

八角…………… 2粒
甘草…………… 5克
桂皮…………… 5克
月桂叶………… 3片
草果…………… 2粒
罗汉果………… 5克

做法

1 将五花肉洗净，放入滚水中煮约20分钟后捞起。
2 将五花肉切块，修整成正方形块状。
3 将做法2的五花肉绑上草绳备用。
4 热油锅，放入葱段、红辣椒、蒜头、姜片炒香。
5 将爆香的材料移入炖锅中。
6 放入绑好的五花肉块，倒入煮五花肉的高汤，水量淹过肉块。
7 再加入其余调味料，加入卤包，用大火煮滚。
8 改转小火，盖上盖子，卤90分钟至软即可。

183 梅干扣肉

* 材料 *

A 五花肉 ··· 500克
梅干菜······ 250克
香菜············ 少许
B 蒜碎············ 5克
姜碎············ 5克
红辣椒碎······ 5克

* 调味料 *

A 鸡精 ······1/2小匙
细砂糖······ 1小匙
米酒········· 2大匙
B 酱油········· 2大匙

* 做法 *

1 梅干菜用水泡约5分钟后，洗净切小段备用。
2 热锅，加入2大匙色拉油，爆香所有材料B，再放入梅干菜段翻炒，并加入调味料A拌炒均匀备用。
3 五花肉洗净，放入沸水中汆烫约20分钟，取出待凉后切片，再与酱油拌匀腌约5分钟。
4 热锅，加入2大匙色拉油，将五花肉片炒香备用。
5 取一扣碗，铺上保鲜膜，排入五花肉片，上面再放上梅干菜，并压紧。
6 将扣碗放入蒸笼中，蒸约2小时后取出倒扣于盘中，最后加入少许香菜即可。

1

2

3

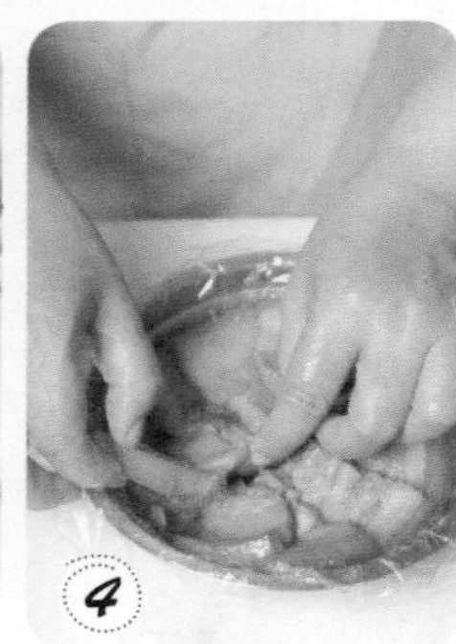
4

5

184 客家封肉

材料

五花肉750克、葱段2根、姜片30克、蒜头8颗、红辣椒2个、客家封肉卤汁适量

做法

1 将五花肉洗净，放入滚水中汆烫，再入滚水中煮15分钟。
2 热锅，加入1大匙色拉油，放入葱段、蒜头、红辣椒和姜片爆香，捞起备用。
3 将客家封肉卤汁倒入炖锅中，加入做法1、2的辛香料和五花肉。
4 最后用大火煮滚，再转小火盖上盖子，炖煮90分钟即可。

客家封肉卤汁

材　料：鸡高汤1500毫升（做法见P11）
卤　包：花椒3克、八角2粒、甘草3克、丁香3克、小茴香2克
调味料：酱油2大匙、蚝油2大匙、冰糖1大匙、米酒1大匙
作　法：
1 将鸡高汤放入锅中煮滚。
2 再加入卤包和所有调味料材料煮至均匀即可。

185 焢肉

材料

A 五花肉600克、姜1块、葱1根、干辣椒2个、八角1粒、桂皮5克、水1000毫升
B 笋丝100克、鸡高汤300毫升（做法见P11）、鸡精1/4小匙、盐少许

调味料

A 酱油2大匙
B 酱油130毫升、酱油膏3大匙、冰糖2大匙、米酒2大匙

做法

1 五花肉洗净切片，放入大碗中，加入调味料A的酱油拌匀，再放入锅中略炸至上色后，捞出沥油备用。
2 姜洗净切片；葱、干辣椒洗净切段备用。
3 热锅，倒入适量色拉油，爆香做法2的材料，再放入八角、桂皮炒香，续加入五花肉片，以及混合均匀的调味料B拌炒均匀。
4 取一砂锅，倒入做法3的材料，并加入1000毫升水（注意水量需盖过肉）煮至滚沸后，盖上锅盖，转小火焖煮约1小时。
5 笋丝泡水1小时，再放入沸水中汆烫约10分钟，取一锅，放入鸡高汤与笋丝，煮滚后再加入鸡精与盐调味，烹煮入味。
6 取一盘，放入做法4的焢肉，再搭配笋丝食用即可。

186 红烧肉

材料

五花肉……… 600克
青蒜…………… 2根
红辣椒………… 1个
水………… 800毫升

调味料

酱油………… 3大匙
蚝油………… 3大匙
砂糖………… 1大匙
米酒………… 2大匙

做法

1 五花肉洗净切适当大小，放入油锅中略炸至上色后，捞出沥油备用；青蒜洗净切段，分成蒜白、蒜尾备用；红辣椒洗净切段备用。
2 热锅，加入2大匙色拉油，放入蒜白、红辣椒段、五花肉块与所有调味料拌炒均匀，并炒香。
3 续加入800毫升水（注意水量需盖过肉）煮滚，盖上锅盖，再转小火煮约50分钟，至汤汁略收干，最后加入蒜尾烧至入味即可。

187 梅汁五花肉块

材料

五花肉……… 600克
大米…………… 30克
腌渍梅………… 3颗
细柴鱼片……… 5克
四季豆………… 适量

煮汁

水………… 600毫升
黑糖……………30克
二砂糖…………30克
酱油………… 50毫升

做法

1 取锅放入五花肉、适量水(可盖过五花肉的水量)及大米，将五花肉煮至软(用竹签可插入)即可捞起，待凉后切大块；四季豆汆烫后切斜段，备用。
2 将煮汁中的所有材料混合，煮开后放入五花肉块及腌渍梅，再度煮开后转小火煮至柔软入味，起锅前放入细柴鱼片与四季豆即可盛盘。

Tips.料理小秘诀

梅子甜中带酸又解腻，和肉类料理搭配起来正对味。如要酸度刚刚好，梅子3~6颗恰到好处，各式各样的腌渍梅都是好选择。如要改换白话梅，因为其酸咸度较高，只要放2颗就足够了。

188 卤腱子肉

材料

腱子肉……… 500克
猪皮……………80克
姜……………… 3片
葱……………… 1根
红辣椒………… 1个
桂皮…………… 10克
甘草…………… 1片
陈皮…………… 5克
水………… 900毫升
生菜叶………… 适量

调味料

酱油……… 130毫升
冰糖………… 1大匙
米酒………… 2大匙

做法

1 腱子肉、猪皮洗净，放入沸水中汆烫约5分钟，取出冲洗备用。
2 葱、红辣椒洗净切段备用。
3 热锅，加入2大匙色拉油，爆香姜片、葱段、红辣椒段。
4 取一砂锅，放入做法3的材料，以及桂皮、甘草、陈皮、腱子肉、猪皮，并加入所有调味料和900毫升水，先煮滚后盖上锅盖，转小火卤约1小时，熄火待凉。
5 取一盘，先铺上洗净的生菜叶，再将腱子肉取出切片置于上方，最后淋上少许卤汁即可。

189 卤排骨

* 材料 *

里脊肉排5片、葱1根、蒜头3颗、姜1块、水1200毫升、市售卤包1个

* 调味料 *

酱油1杯、冰糖1大匙、米酒1/2杯

* 腌料 *

酱油2大匙、米酒3大匙、地瓜粉2大匙

* 做法 *

1 将排骨洗净并沥干水分，放入容器中，再加入所有腌料搅拌均匀，腌10分钟。
2 葱洗净切段；姜洗净切片，备用。
3 起一锅，倒入适量油；将油锅烧热至约160℃，再放入里脊肉排，让排骨炸上色后捞起，备用。
4 另起一锅，于锅中放入3大匙油烧热，将蒜头、葱段、姜片放入锅中爆香。
5 再把酱油、冰糖、米酒倒入锅中搅拌均匀，拌煮一下。
6 放入水一起搅拌均匀，煮至滚沸。
7 续放入排骨，以小火卤约20分钟即可捞出装盘。

备注：饭盒中的配菜可随意选择搭配。

190 茄汁猪排

* 材料 *

里脊肉排……… 3片
洋葱……………1/4颗
胡萝卜…………1/4个
葱……………… 2根

* 调味料 *

番茄酱……… 2大匙
水…………… 5大匙
糖…………… 1小匙

* 腌料 *

姜末…………… 少许
蒜末…………… 少许
酱油………… 1大匙
酒…………… 1大匙
糖…………… 1小匙
胡椒粉……… 1小匙
淀粉………… 1小匙

* 做法 *

1 将带骨的里脊肉排洗净后，用刀背或肉锤两面拍松，放入拌匀的腌料中浸泡10分钟至入味备用。
2 葱洗净切段；洋葱、胡萝卜洗净切丝备用。
3 取一平底锅，热锅后倒入少许油，待油热后放入里脊肉排，用小火煎至表面微变色时，翻面再煎1分钟即可取出备用。
4 另起一锅，在热锅中加入1小匙油，丢入葱段爆香，随后加入洋葱丝、胡萝卜丝炒至变软后，加入所有调味料煮开，最后放入里脊肉排，用中火烧约3分钟至肉熟即可。

191 卤五花肉块

* 材料 *

五花肉……… 900克
珠葱……………… 50克
水…………1000毫升

* 调味料 *

A 酱油………………2大匙
B 酱油…………150毫升
酱油膏……………2大匙
砂糖……………1.5大匙
米酒…………240毫升
C 五香粉………1/4小匙
胡椒粉……………少许

* 做法 *

1 五花肉洗净切块，加入调味料A的酱油拌匀备用。
2 珠葱去头，洗净切段备用。
3 热锅，倒入适量色拉油，爆香珠葱段，再放入五花肉炒香，续加入调味料B炒至入味。
4 取一砂锅，倒入做法3的材料，并加入1000毫升水（注意水量需盖过肉，不够可以再略加水）、五香粉、胡椒粉，煮至滚沸后，盖上锅盖，转小火焖煮约1小时即可。

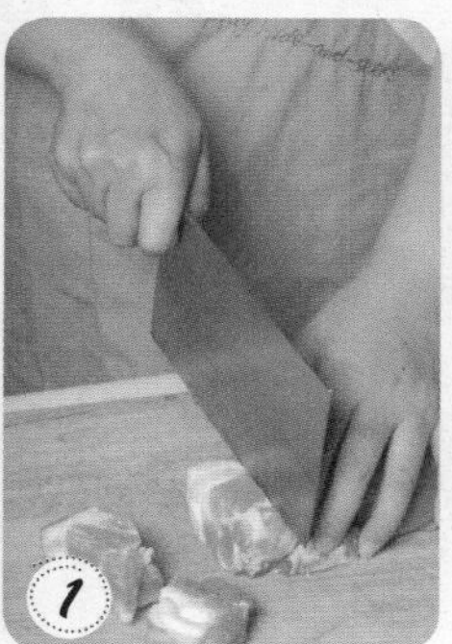

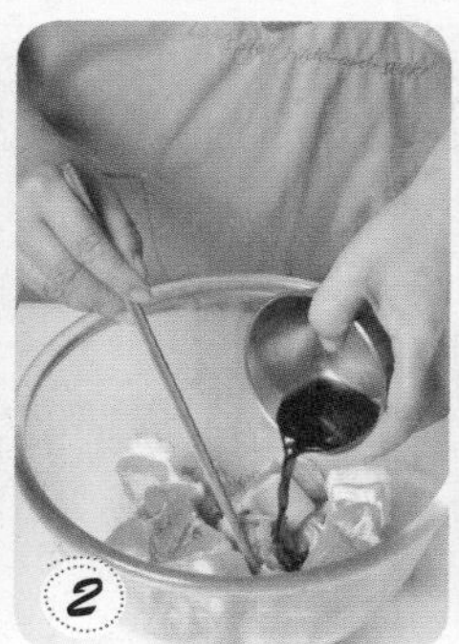

192 萝卜卤梅花肉

材料

梅花肉………500克
白萝卜………300克
胡萝卜………150克
葱………………1根
姜………………5片
蒜头……………5颗
水…………1400毫升

调味料

生抽…………50毫升
酱油………150毫升
冰糖…………1大匙

做法

1 梅花肉洗净切块；白萝卜、胡萝卜去皮洗净切厚圆片；葱洗净切段备用。
2 将白萝卜用滚水煮约20分钟，备用。
3 热锅，加入2大匙色拉油，爆香蒜头、姜片、葱段，再加入梅花肉块炒至颜色变白，最后加入所有调味料炒香。
4 取一卤锅，倒入做法3全部材料，再加入1400毫升水（注意水量需盖过肉），用大火煮至滚沸后，盖上锅盖，转小火煮约25分钟，再放入胡萝卜片、白萝卜片，续煮约25分钟即可。

193 咸菠萝烧排骨

材料

咸菠萝…………50克
排骨…………200克
姜………………20克
香菇……………3朵
葱………………2根

调味料

糖……………1小匙
香油…………1小匙
鸡精…………1小匙
盐……………少许
白胡椒粉………少许

做法

1 将咸菠萝切片；排骨洗净、放入滚水中汆烫过水，备用。
2 姜洗净切片；香菇洗净切小块；葱洗净切小段，备用。
3 热一炒锅，加入1大匙色拉油，放入做法2所有材料以中火爆香。
4 加入咸菠萝与排骨，续以中火翻炒均匀，接着加入所有调味料，煮至汤汁略收即可。

194 芋头烧肉

材料

五花肉450克、芋头300克、红辣椒1个、蒜头4颗

调味料

芋头卤汁适量

做法

1 将五花肉洗净切块、芋头去皮洗净切块，分别放入烧热的油锅中炸香，捞起备用。
2 倒出做法1锅中的油，留适量油，烧热后加入蒜头炒香，再放入芋头卤汁、五花肉块、芋头块和红辣椒。
3 用大火煮滚，再改转小火盖上盖子，卤煮45分钟即可。

芋头卤汁

材料：
鸡高汤1500毫升（做法见P11）

卤包：
八角2粒、沙姜10克、花椒5克、甘草5克、小茴香2克

调味料：
盐2大匙、细砂糖1大匙、米酒2大匙

做法：
将市售高汤放入锅中煮滚，再加入所有调味料材料和卤包煮至均匀即可。

195 番茄卤肉

材料

猪腿肉块	300克
番茄块	90克
葱段	1根

卤包

八角	3粒
广皮	2克
甘草	3克
孜然	2克

调味料

酱油	1大匙
盐	1小匙
味醂	3大匙
番茄酱	1大匙
水	700毫升

做法

1 热油锅，放入葱段爆香，加入猪腿肉块、番茄块炒香，放入所有调味料和卤包。
2 将原锅用大火煮滚，再转小火盖上盖子，卤煮45分钟即可。

196 桂竹笋焢肉

材料

五花肉……… 600克
桂竹笋……… 600克
生姜片………… 30克
红辣椒………… 2个
蒜头…………… 10颗

调味料

桂竹笋卤汁…… 适量

做法

1 五花肉洗净切块，入油锅爆炒后捞起备用。
2 桂竹笋切滚刀块，放入滚水中汆烫后，捞起备用。
3 热锅，加入1大匙色拉油，加入生姜片、红辣椒和蒜头炒香，放入五花肉块炒香。
4 倒入桂竹笋卤汁和桂竹笋块，用大火煮滚后，盖上锅盖。
5 再改转小火续煮约30分钟即可。

桂竹笋卤汁

材料：
水1500毫升

调味料：
盐1大匙、细砂糖1大匙、米酒2大匙

做法：
将水放入锅中煮滚，再加入所有调味料材料煮至均匀即可。

197 葱烧肉块

材料

五花肉……… 500克
葱段…………… 3根
红辣椒………… 1个
蒜头…………… 8颗

调味料

葱烧卤汁……… 适量

做法

1 五花肉洗净，切块备用。
2 热锅，加入1大匙色拉油，加入葱段、红辣椒、蒜头爆香。
3 再放入五花肉块炒至变色。
4 倒入葱烧卤汁，用大火煮至滚沸，再改转小火盖上锅盖，续煮约40分钟即可。

葱烧卤汁

材料：
鸡高汤1200毫升
（做法见P11）

调味料：
酱油2大匙、蚝油2大匙、冰糖1大匙、米酒1大匙

做法：
将鸡高汤放入锅中煮滚，再加入所有调味料材料煮至均匀即可。

198 蚝豉烧肉

材料

五花肉……… 300克
蚝干…………… 70克
姜片…………… 20克
姜末…………… 30克
红辣椒………… 2个

调味料

绍兴酒……… 5大匙
蚝油………… 2大匙
水……… 200毫升
细糖………… 1大匙
香油………… 1茶匙

做法

1 将蚝干放入碗中，加200毫升水（分量外）泡约20分钟，加入2大匙绍兴酒及姜片，放入蒸笼蒸约20分钟。
2 取出蒸好的蚝干，沥干水分，挑去姜片备用。
3 五花肉洗净切小块；红辣椒洗净切片。热锅，加入2大匙色拉油（分量外），以小火爆香姜末、红辣椒片，加入五花肉块翻炒至肉块表面变白。
4 续加入蚝干炒香，再加入蚝油及绍兴酒、水和细糖拌匀。
5 以大火煮滚后转小火，煮约20分钟至汤汁略收干，再加入香油炒匀即可。

199 笋干烧肉

材料

五花肉……… 400克
笋干………… 150克
姜……………… 30克
红辣椒………… 2个

调味料

酱油………… 4大匙
米酒………… 50毫升
细糖………… 1大匙
水…………1000毫升

做法

1 先将笋干泡水约30分钟，续用滚水煮约5分钟后再以冷水（分量外）洗净，捞起沥干切段；姜、红辣椒洗净拍破备用；五花肉切块后用开水汆烫2分钟，洗净备用。
2 热一锅，加入2大匙色拉油（材料外），以小火爆香姜、红辣椒，加入五花肉块翻炒至表面微焦香，再依序放入笋干、酱油、米酒、细糖及水拌匀。
3 以大火煮滚，再转小火煮约40分钟至汤汁略收干后即可。

200 酱烧肉块

材料

五花肉450克、洋葱100克、水1200毫升

卤包

八角2粒、桂皮5克、甘草5克

调味料

甜面酱3大匙、冰糖2大匙、黄酒3大匙、酱油2大匙

做法

1 将五花肉洗净切块，备用。
2 热油锅，放入洋葱块炒香，再放入五花肉块炒香。
3 续于锅中加入甜面酱和其余调味料炒香后，再倒入水。
4 将锅中所有材料移入炖锅，放入卤包用大火煮滚。
5 改转小火，盖上锅盖，再煮约50分钟，煮至汤汁浓稠即可。

Tips.料理小秘诀

甜面酱是酱烧肉块的必备调味料。甜面酱是由面粉发酵而成的酱料，使用时要在热锅里爆过，香气才能散发出来。

201 红烧猪脚

材料

猪脚700克、八角2粒、姜片10克、葱段25克、蒜头25克、水1200毫升

调味料

酱油100毫升、绍兴酒30毫升、冰糖1大匙、五香粉少许

做法

1 猪脚洗净汆烫约3分钟，捞出泡冰水待凉、去毛，备用。
2 热锅，加入2大匙色拉油，放入姜片、蒜头、葱段、八角炒香，再放入猪脚炒约2分钟。
3 续加入酱油、绍兴酒、冰糖、五香粉炒至上色，加入水煮滚，盖上锅盖以小火煮约15分钟。
4 打开锅盖，翻动锅中猪脚再盖上锅盖，以极小火焖煮约50分钟，再打开锅盖转中火烧煮约10分钟，当筷子可轻易戳入猪脚即可。

红烧卤汁

材料：
姜片10克、葱段25克、蒜头25克、水1200毫升

调味料：
酱油150毫升、绍兴酒（或米酒）30毫升、冰糖1大匙、五香粉少许

做法：
将所有材料（水除外）炒香，加入水煮开，再加入所有调味料煮匀即可。

202 酱汁猪脚

材料

猪脚………… 650克
蒜头…………… 8颗
葱段…………… 2根
红辣椒………… 2个
姜片…………… 30克

调味料

酱卤汁………… 适量

做法

1 猪脚洗净，放入滚水中汆烫，捞起备用。
2 热锅，加入1大匙色拉油，放入蒜头、葱段、红辣椒、姜片炒香。
3 再放入酱卤汁煮滚，加入猪脚，改转小火盖上盖子，焖卤40分钟即可。

酱卤汁

材料：
鸡高汤1200毫升（做法见P11）

卤包：
花椒3克、八角2粒、甘草3克、丁香3克、小茴香2克

调味料：
酱油2大匙、蚝油2大匙、冰糖1大匙、米酒1大匙

做法：
将鸡高汤放入锅中煮滚，再加入所有调味料材料和卤包煮至均匀即可。

203 香卤猪脚

材料

猪脚1100克、姜片2片、葱段15克、蒜头5颗、八角2颗、干红辣椒段5克、月桂叶3片、水1800毫升

调味料

酱油200毫升、番茄酱20毫升、酱油膏50毫升、冰糖20克、米酒50毫升

做法

1 猪脚洗净，放入沸水中汆烫10分钟去除杂质，捞出冲洗干净，沥干备用。
2 热锅，倒入稍多的油，放入猪脚炸约3分钟，至表面变色，取出备用。
3 原锅中留约2大匙油，放入姜片、葱段、蒜头、八角、干红辣椒段爆香，再放入所有调味料、水、月桂叶与猪脚炒香。
4 将猪脚与汤汁倒入卤锅中，盖上锅盖，以小火卤约80分钟即可。

Tips.料理小秘诀

通常过年时，家里都会卤上一锅猪脚讨吉祥，不过大部分人都会选择前腿肉较多的部分，其实选择后脚靠近蹄的部分更划算。此部分虽然骨头多肉较少，但是肉质口感不错，油脂也较少，有利于健康。食谱中的干红辣椒只是为了爆出红辣椒味，加入水去卤之前可以取出不用。

204 可乐卤猪脚

* 材料 *

猪脚…………900克
可乐………350毫升
葱段……………15克
姜片……………10克
月桂叶…………5片
水…………1000毫升

* 调味料 *

酱油………200毫升
米酒…………2大匙
肉桂粉…………少许
胡椒粉…………少许
盐………………少许

* 做法 *

1 把猪脚洗净后放入滚水中汆烫约5分钟，捞出泡冰水待凉，备用。
2 热炒锅，加入2大匙色拉油，爆香葱段、姜片，接着加入猪脚翻炒约1分钟，再加入所有调味料与月桂叶炒香。
3 锅中加入可乐拌炒均匀，然后把所有材料移入砂锅中，加入水煮至滚沸后，转小火续煮约70分钟，关火后，再焖约10分钟即可。

Tips.料理小秘诀

一般卤猪脚为让口味不过咸，都会加一些冰糖调味，这里加了可乐就有甜味了，可以取代糖的分量，还有不一样的香气。

205 甘蔗猪脚

* 材料 *

猪脚1个、姜段15克、蒜头15克、八角3粒、草果2粒、桂皮15克、甘蔗汁100毫升

* 腌料 *

酱油2大匙、米酒2大匙、葱段适量、蒜头适量

* 调味料 *

酱油200毫升、米酒60毫升、盐1/2小匙

* 做法 *

1 先将猪脚洗净，再以腌料腌渍约1小时，使其每一面皆均匀腌渍。
2 将猪脚放入热油中炸至表面上色，再捞出沥干油，放入卤锅中备用。
3 取一油锅，加入1大匙油（分量外）烧热，放入姜段、蒜头先爆香，再放入八角、草果、桂皮炒香后，加入调味料和甘蔗汁煮滚。
4 将做法3的材料倒入卤锅中，盖上锅盖后以小火卤约90分钟，再打开锅盖卤约20分钟即可关火冷却。
5 将猪脚捞起并以保鲜膜封紧，放入冰箱冷藏至冰凉，食用时切片即可。

Tips.料理小秘诀

在做甘蔗猪脚时，记得要先腌过再下油锅，先腌的目的不仅是为了让猪脚有味道，也为了让猪脚外皮上色，炸起来的颜色就会油亮油亮，看起来较有卖相。而下油锅这个步骤十分重要，猪脚先炸过之后再下去卤，才能让外皮香Q有弹性，锁住肉的鲜美，如此一来也才能做出色香味俱全的冰镇甘蔗猪脚。

206 猪脚冻

材料

蹄髈1个（约700克）、猪脚卤汁4000毫升、香油1大匙

调味料

蒜末1小匙、姜泥1/2小匙、酱油膏2大匙、白砂糖1小匙、凉开水1大匙、香油1小匙

做法

1 所有调味料放入大碗中调匀即为蹄髈蘸酱，备用。
2 蹄髈洗净，放入滚水中汆烫约5分钟去血水，捞起冲凉沥干。
3 猪脚卤汁倒入锅中以大火煮滚，放入蹄髈，以小火续滚约30分钟，熄火加盖浸泡约1小时，捞出均匀拌上香油。
4 将蹄髈放凉后切片，放入保鲜盒中淋上少许猪脚卤汁，盖好放入冰箱冷藏至冰凉，食用时搭配调匀的蹄髈蘸酱即可。

猪脚卤汁

卤包：
草果4颗、桂皮15克、八角10克、花椒10克、沙姜20克、甘草15克、香叶6克

卤汁：
葱4根、姜100克、红辣椒7个、蒜头80克、水3200毫升、酱油600毫升、米酒400毫升、酱色25毫升、白砂糖200克、盐4大匙

做法：
1 葱、红辣椒均洗净，切段后拍扁；姜洗净并去皮，切片后拍扁；蒜头洗净，去皮后拍扁备用。
2 卤包材料放入棉布袋中包好备用。
3 将做法1的材料放入汤锅中，加入水大火煮滚，再加入酱油、米酒和酱色再次煮滚，最后加入白砂糖、盐与卤包，改小火续滚约5分钟至香味散发出来即可。

207 卤猪脚筋

材料

猪脚筋600克、葱段2根、姜片20克、花椒5克、八角5克、水4000毫升

调味料

米酒100毫升、香油1大匙、冰镇卤汁4000毫升（做法见P285）

做法

1 猪脚筋洗净，放入滚水中汆烫约1分钟捞出，再次冲凉沥干备用。
2 取一深锅，放入水、葱段、姜片、花椒、八角及米酒以大火煮至滚沸，再放入猪脚筋，以小火续煮约30分钟，捞出沥干。
3 另取一深锅，倒入冰镇卤汁以大火煮至滚沸，放入猪脚筋，以小火续滚约30分钟，熄火加盖浸泡约20分钟。
4 捞出猪脚筋均匀刷上香油，待凉放入保鲜盒盖好，放入冰箱冷藏至冰凉即可。

208 脆卤猪耳

材料

猪耳朵………… 2个

调味料

香油………… 1大匙
冰镇卤汁…4000毫升（做法见P285）

做法

1 猪耳朵冲洗干净，放入滚水中汆烫约10分钟，捞出再次冲洗干净。
2 取一深锅，倒入冰镇卤汁以中大火煮至滚沸，再放入猪耳朵以小火续滚约1小时，熄火加盖浸泡约30分钟。
3 捞出猪耳朵均匀刷上香油，待凉后放入保鲜盒盖好，放入冰箱冷藏至冰凉，食用前切薄片即可。

209 卤猪肝

材料

猪肝………… 600克

调味料

卤汁…………… 适量

做法

1 先将猪肝洗净备用。
2 取一汤锅，放入猪肝和卤汁，以小火慢慢将猪肝卤熟。
3 待做法2放凉后，连同汤汁装入保鲜盒，放入冰箱冷藏约1天，食用前再切片即可。

卤汁

材料：
姜片20克、葱段20克、酱油50毫升、米酒30毫升、糖1/2小匙、水1000毫升

做法：
取一锅，加入所有材料，煮约5分钟至香味散发出即可。

210 卤猪心

材料

猪心…………… 1个

调味料

卤汁…………… 适量

做法

1 将猪心挖出血块后冲洗干净，再放入滚水中汆烫去除血水。
2 取一锅，加入卤汁，再放入猪心以中火煮至滚，再转小火卤约15分钟后熄火。
3 待做法2放凉后，连同汤汁装入保鲜盒中，放入冰箱冷藏约1天，食用前再取出切片即可。

卤汁

材料：
姜片15克、葱段15克、干红辣椒10克、八角5克、酱油100毫升、糖1小匙、盐少许、米酒2大匙、水1000毫升

做法：
1 取锅，加入1大匙油（材料外）烧热，放入姜片、葱段、干红辣椒和八角先爆香。
2 续于锅中加入其余材料后，煮约15分钟至香味散发出即可。

211 芒果咕咾肉

材料

猪里脊肉…… 300克
青椒…………… 40克
芒果肉……… 100克
淀粉………… 100克

调味料

A 白醋 …… 2大匙
番茄酱…… 2大匙
水………… 1大匙
细糖…… 2.5大匙
B 水淀粉…… 1茶匙
香油……… 1大匙

腌料

盐……………1/6茶匙
淀粉………… 1茶匙
米酒………… 1大匙
蛋清………… 1大匙

Tips.料理小秘诀

利用芒果天然的酸甜美味，再加上番茄酱提味，每一口都带着果香，酸甜不腻的滋味，让猪里脊肉更嫩了。

做法

1 将猪里脊肉切小块，加入腌料抓匀，腌渍约5分钟；青椒及芒果肉切小块，备用。
2 将腌好的猪里脊肉块，每块都裹上干淀粉并捏紧。
3 热油锅，加入约400毫升色拉油，油温热至约160℃，放入猪里脊肉块，以小火炸约4分钟至熟后，捞起沥干油，备用。
4 另热一炒锅，加入少许色拉油，将青椒块放入锅中略炒几下后，加入调味料A，以小火煮滚，再加入水淀粉勾芡，接着加入猪里脊肉块及芒果肉块，快速翻炒至芡汁完全被吸收后，关火淋上香油拌匀即可。

212 咕咾肉

材料

梅花肉……… 100克
洋葱……………… 20克
菠萝……………… 50克
青椒……………… 15克
红辣椒…………1/4条
淀粉……………1/2碗

腌料

盐……………1/4茶匙
胡椒粉………… 少许
香油……………… 少许
蛋液………… 1大匙
淀粉………… 1大匙

调味料

白醋……… 100毫升
砂糖………… 120克
盐……………1/8茶匙
番茄酱……… 2大匙

做法

1 梅花肉切1.5厘米厚的片，加入所有腌料拌匀，再均匀裹上淀粉，并将多余的淀粉抖去，备用。
2 青椒、红辣椒、菠萝、洋葱皆切片，备用。
3 热油锅至油温约160℃，将梅花肉逐块放入油锅中，以小火炸约1分钟，再转大火炸约30秒后捞出、沥干油分，备用。
4 倒出多余的油，放入做法2的所有材料，以小火炒软，再加入所有调味料，待煮沸后放入炸肉块，以大火翻炒均匀即可。

213 糖醋排骨

材料

排骨………… 350克
菠萝片………… 60克
洋葱片………… 50克
青椒片………… 50克
红甜椒片……… 50克
水………… 200毫升
水淀粉………… 少许

腌料

盐………………… 少许
米酒………… 1大匙
香油………… 1小匙
淀粉………… 1大匙
地瓜粉……… 1大匙

调味料

A 番茄酱 … 3大匙
B 酱油………1/2小匙
盐…………… 少许
冰糖………1.5大匙
白醋………1.5大匙
乌醋………… 少许
香油………… 少许

做法

1 排骨与所有腌料拌匀，放入油温为180℃的油锅炸约5分钟呈金黄色，再捞起沥油，备用。
2 热锅，倒入2大匙色拉油，爆香洋葱片，再放入青椒片、红甜椒片炒熟后取出，备用。
3 锅中倒入番茄酱炒香，再加入水煮沸，接着放入炸排骨与调味料B拌煮均匀。
4 锅中加入菠萝片炒匀，再以水淀粉勾薄芡，最后加入做法2的材料拌炒均匀即可。

214 椒盐排骨

材料

排骨………… 500克
蒜头………… 100克
红辣椒………… 2个

调味料

A 小苏打粉 1/4茶匙
米酒……… 1茶匙
淀粉……… 2大匙
盐…………1/4茶匙
蛋清……… 1大匙
B 盐…………1/2茶匙
鸡精………1/2茶匙

做法

1 排骨洗净剁小块，备用。
2 取80克蒜头加50毫升水（分量外）打成汁，与调味料A拌匀，放入排骨腌渍约30分钟；另20克蒜头与红辣椒切碎，备用。
3 热锅，加入500毫升油烧热至约160℃，下入排骨用中火炸约12分钟，至表面微焦后捞起沥油。
4 锅中留少许油，用小火爆香蒜碎及红辣椒碎，倒入排骨、盐、鸡精，拌炒均匀即可。

215 橙汁排骨

材料

腩排………… 300克
橙子…………… 3个
水淀粉………1/2茶匙

调味料

浓缩橙汁…… 1大匙
白醋…………1.5大匙
细砂糖……… 1茶匙
盐……………1/4茶匙

腌料

盐……………1/4茶匙
细砂糖………1/4茶匙
小苏打粉……1/2茶匙
淀粉………… 1茶匙
卡士达粉…… 1茶匙
面粉………… 1大匙

做法

1 腩排剁成小块，冲水15分钟去腥膻，沥干备用。
2 将排骨加入腌料的所有材料并不断搅拌至粉完全吸收，静置30分钟备用。
3 将2个橙子榨汁，另一个切片备用。
4 将排骨放入160℃的油锅中，以小火炸3分钟，关火2分钟再开大火2分钟，捞出沥油盛盘。
5 取不锈钢锅放入所有调味料材料、橙汁和橙片煮匀，再加入水淀粉勾芡，最后淋入做法4的盘中即可。

216 无锡排骨

材料

腩排…………… 6块（约5厘米长）
姜…………… 30克
葱…………… 1根
桂皮…………… 1块
八角…………… 3粒
红曲米……… 1茶匙
水……… 500毫升

调味料

绍兴酒……… 3大匙
蚝油……… 1大匙
酱油……… 1茶匙
盐……… 1/4茶匙
糖……… 1茶匙

做法

1 腩排泡水1小时，再冲水10分钟以去腥膻，接着放入滚水中汆烫，再捞出沥干，备用。
2 姜洗净切片；葱洗净切段；桂皮、八角、红曲米装入卤包中，备用。
3 热锅，加入少许油，放入姜片、葱段煸香，备用。
4 取锅，放入腩排、卤包、姜片及葱段、所有调味料，续加入500毫升水，煮至滚沸后转小火续煮约90分钟，至汤汁收干后即可（盛盘时可另加入绿色青菜围边装饰）。

217 蒜仁排骨

材料

排骨200克、蒜头100克、葱1根、姜片20克、红辣椒1个

调味料

A 酱油1茶匙
B 蚝油2大匙、米酒2大匙、细砂糖1茶匙、水200毫升

做法

1 排骨洗净剁块，加入调味料A略为腌渍上色；葱洗净切段；红辣椒洗净切段拍裂，备用。
2 热油锅，以大火烧热至油温约150℃，先放入蒜头炸至表面金黄后捞起，沥油备用；再将排骨一块块下锅油炸至表面略为焦黄后捞出，沥油备用。
3 将油锅中的油倒出，锅底留少许油烧热，以小火爆香姜片、红辣椒段及葱段至微微焦香，再加入蒜头、排骨及调味料B中的水，以中火煮至汤汁滚沸，盖上锅盖转至小火，焖煮约10分钟。
4 打开锅盖，于锅中加入其余的调味料B，以小火烧煮至汤汁略干即可。

218 京都排骨

材料

腩排200克、姜20克、洋葱30克、水50毫升

腌料

A 小苏打1/2茶匙、米酒1茶匙、盐1/4茶匙、糖1/8茶匙

B 面粉1茶匙、淀粉1/2茶匙

调味料

番茄酱1.5大匙、陈醋1茶匙、A1汁1/2大匙、糖1.5大匙、酱油1茶匙、盐1/8茶匙、水50毫升

做法

1 腩排剁成3厘米长的段，泡水30分钟，再冲水10分钟，洗去血水后沥干，加入所有腌料A腌约1小时，再加面粉、淀粉拌匀，备用。

2 热油锅至约160℃，将排骨逐块放入油锅中，以小火炸约3分钟，再熄火泡约2分钟，接着开大火炸约1分钟后捞出、沥油，备用。

3 原锅倒出多余的油，放入所有调味料，以小火煮滚后放入炸排骨拌匀即可。

219 高升排骨

材料

小排骨……… 500克

调味料

酒…………… 1大匙
糖…………… 2大匙
醋…………… 3大匙
酱油………… 4大匙
水…………… 5大匙

做法

排骨洗净后放入深锅中，再加入所有调味料，以中火煮开后，转小火焖煮至汤汁呈浓稠状即可。

220 葱烧子排

材料

子排…………300克
洋葱………… 60克
红葱头……… 40克
葱…………… 60克
上海青………200克

调味料

酱油………100毫升
水……… 400毫升
料酒……… 50毫升

做法

1 子排洗净后汆烫去血水，备用。

2 洋葱洗净去皮切丝；红葱头洗净去皮切片；葱洗净切段；上海青长度切齐洗净，汆烫约30秒后捞起沥干水分，备用。

3 热锅，倒入少许色拉油，以小火爆香洋葱丝、红葱头片及葱段，拌炒至洋葱丝、红葱头片及葱段表面焦黄。

4 续放入子排及所有调味料，以中火煮至酱汁滚沸后，转小火烧煮约2小时至子排软烂，以上海青作盘饰，将子排盛盘即可。

221 乌醋排骨

材料

排骨………… 300克

调味料

A 淀粉 …… 2大匙
蛋液……… 1大匙
盐…………1/8茶匙
米酒……… 1茶匙
B 乌醋……… 2大匙
砂糖……… 2大匙
酱油……… 1茶匙
水………… 1大匙
C 水淀粉 … 1茶匙
香油……… 1大匙

做法

1 排骨洗净剁小块，以所有调味料A抓拌均匀腌渍约10分钟，备用。
2 热油锅，以大火烧热至油温约150℃，将排骨块一块块下锅，转至小火油炸约5分钟，起锅沥油备用。
3 另热一锅，加入所有调味料B，以小火煮至滚沸后用水淀粉勾芡，再加入排骨块迅速拌炒至芡汁完全被排骨吸收后熄火，淋上香油拌匀即可。

222 菠萝排骨

材料

排骨300克、菠萝果肉120克

调味料

A 盐1/4匙、鸡精1/4匙、砂糖1/2匙、苏打粉1/8匙、蛋清1大匙、料酒1/2匙、水1大匙、淀粉3大匙
B 盐1/6茶匙、白醋1大匙、细砂糖2大匙、水1大匙
C 水淀粉1/2大匙、香油1茶匙

做法

1 排骨洗净沥干水分，以所有调味料A抓拌均匀腌约5分钟；菠萝果肉切片，备用。
2 热锅，倒入约500毫升的色拉油烧热至约150℃，将排骨一块块放入油锅中，以小火慢炸约10分钟至排骨表面酥脆后捞起沥油。
3 将锅中的色拉油倒出，改转小火热锅，放入菠萝果肉片及所有调味料B，煮至酱汁滚沸后用水淀粉勾芡，放入炸好的排骨以小火拌炒均匀，最后淋上香油即可。

223 腐乳排骨

材料

小排骨……… 500克
嫩姜丝………… 少许
葱丝…………… 少许

调味料

辣豆腐乳……… 3块
辣豆腐乳汁……1/2杯
酒………………1/2杯
糖…………… 2大匙
水…………… 2大杯

做法

1 小排骨洗净切长条，再放入滚水中汆烫后捞起沥干水分；辣豆腐乳压碎备用。
2 取一深锅，放入所有调味料拌匀，再放入小排骨，以小火烧煮约1小时，至汤汁浓稠后即可取出排骨，配上嫩姜丝、葱丝趁热食用即可。

224 梅汁排骨

材料

小排骨500克、蒜末1大匙

腌料

酱油1大匙、酒1小匙、淀粉1大匙

调味料

紫苏梅汁2大匙、番茄酱1大匙、糖2大匙、盐1小匙

做法

1 小排骨洗净后用腌料拌匀，静置约20分钟至入味备用。
2 将半锅油烧热至油温约170℃时，放入小排骨，用小火炸3~4分钟至熟后，再改用大火炸约1分钟后捞起沥油。
3 另起一锅，在热锅中倒入少许油，丢入蒜末爆香，再将所有调味料调匀倒入锅中煮开，最后放入小排骨拌炒至汤汁收干即可。

225 果香排骨

材料

小排骨300克、水蜜桃罐头1罐、猕猴桃2个

腌料

酱油1大匙、糖1小匙、胡椒粉1小匙、淀粉1大匙

调味料

水蜜桃罐头汁2大匙、苹果醋2大匙、盐1小匙、水2大匙

做法

1 小排骨洗净后切小段，加入所有腌料拌匀静置约30分钟至入味；水蜜桃罐头及猕猴桃切长条备用。
2 半锅油烧热至油温约170℃时，放入排骨，用中火炸约4分钟，至肉熟且外表为金黄色即捞起沥干油。
3 另起一锅，在热锅中加入1小匙油，倒入所有调味料煮开，加入切长条的水蜜桃及猕猴桃，再放入排骨拌均匀即可。

226 药炖排骨

材料

当归10克、黄芪10克、川芎10克、熟地25克、桂枝30克、肉桂5克、人参须2把、甘草5克、枸杞子2克、八角2粒、红枣20颗

腌料

猪小排1800克、老姜50克、水6000毫升

调味料

冰糖4大匙、鸡精1.5大匙、盐1大匙、米酒1大匙

做法

1 将所有药材（除枸杞子及红枣外）装入棉布袋中，用棉线捆紧，备用。
2 猪小排先用水洗净，放入沸水中汆烫5分钟，去血水杂质后捞起，再以冷水洗净沥干；老姜不去皮洗净，用刀背拍碎备用。
3 取一大砂锅，放入做法1的药包及红枣，再加入6000毫升水后开中火煮至水烧开，药包溢出香味，转小火持续呈小滚状态，备用。
4 将猪小排及老姜放入砂锅中，续以小火煮40~50分钟，再加入枸杞子煮约5分钟后，加入调味料调味、淋上米酒拌匀即可。

227 红曲彩椒炖子排

材料

软骨子排500克、洋葱块30克、红甜椒块30克、黄甜椒块30克、青椒块20克、地瓜粉3大匙

腌料

红曲酱2大匙、糖1/4小匙、酒1/4小匙、鸡蛋1个

调味料

红曲酱2大匙、鸡高汤500毫升（做法见P11）

做法

1 软骨子排洗净切块，加入腌料拌匀腌约20分钟。
2 将软骨子排均匀沾裹上地瓜粉，放入油温约180℃的油锅内炸酥至外观呈金黄色，捞起沥油备用。
3 取锅，放入洋葱块炒香，加入红曲酱、鸡高汤和软骨子排以小火炖煮约30分钟。
4 续加入红甜椒块、黄甜椒块和青椒块，焖煮约2分钟即可。

228 椰汁香茅南洋炖肉

材料

梅花肉……… 300克
圣女果………… 30克
土豆块……… 100克

调味料

椰奶……… 200毫升
香茅…………… 1支
柠檬叶………… 2片
鱼露…………1/2大匙

做法

1 梅花肉洗净切块，放入滚水中汆烫去血水，捞起洗净沥干备用。
2 取炖锅，放入所有材料和调味料，以小火炖煮约20分钟即可。

229 野菇咖喱炖肉

材料

梅花肉……… 300克
香菇…………… 30克
洋葱块………… 20克
蘑菇块………… 30克
四季豆段……… 50克

调味料

黄咖喱粉…… 2大匙
市售高汤… 300毫升
味醂……… 100毫升
日式香菇酱油 2大匙

腌料

黄咖喱粉……1/2大匙
盐…………… 1/2小匙

做法

1 梅花肉洗净切块，加入腌料中腌约15分钟。
2 取锅，以小火炒香洋葱块，加入梅花肉块、生香菇、蘑菇块、四季豆段和调味料，以小火炖煮约15分钟即可。

230 和风蔬菜炖肉

材料

里脊肉………1000克
土豆……………… 1个
胡萝卜…………1/2根
芦笋……………… 2支
黄栉瓜…………1/2条
杏鲍菇…………… 1朵

酱汁

日式酱油… 200毫升
味醂……… 100毫升
清酒………… 50毫升
细砂糖………… 30克

做法

1 煮一锅滚沸的水，放入里脊肉汆烫至肉色变白，捞出切块备用。
2 胡萝卜洗净去皮切块、芦笋洗净去皮切段、杏鲍菇洗净切块、黄栉瓜洗净切片，备用。
3 将所有酱汁材料调匀倒入锅中，放入里脊肉块和做法2所有材料，以小火炖煮约30分钟至里脊肉块软烂即可。

231 奶香炖猪肉

* 材料 *

梅花肉……… 300克
土豆块………… 50克
胡萝卜块……… 30克
洋葱块………… 20克
甜豆…………… 10克

* 调味料 *

奶水……… 500毫升
盐……………1/4小匙

* 做法 *

1 梅花肉切大块后，略汆烫去血水备用。
2 再起锅炒香洋葱块，加入梅花肉块、土豆块、胡萝卜块和所有调味料。
3 再以小火炖煮约40分钟至肉软化，最后放入甜豆煮熟拌匀即可。

232 茄汁白腰豆炖猪肉

* 材料 *

猪里脊肉1000克、洋葱1/2个、蒜头1颗、干葱1根、番茄1个、白腰豆1罐、去皮番茄1罐、意大利综合香料适量、鸡高汤250毫升（做法见P11）

* 调味料 *

盐适量、胡椒粉适量

* 做法 *

1 蒜头、干葱、洋葱洗净去皮，切碎备用；番茄洗净切小丁，备用。
2 白腰豆泡入冷水中至软化膨胀，备用。
3 里脊肉洗净切大丁，加入少许盐和胡椒粉抓匀，沾上薄薄的低筋面粉（分量外）；热锅，加入少许奶油加热至融化，放入里脊肉丁煎至上色，取出切块备用。
4 另热一锅，加入少许奶油加热至融化，放入洋葱碎炒香，加入干葱碎、蒜头碎，炒至金黄色后加入番茄丁、白腰豆、去皮番茄、意大利综合香料、猪里脊肉块以及鸡高汤，以小火炖煮约40分钟至猪里脊肉块软烂，加入调味料拌匀即可。

233 糖醋肉丸子

材料

猪肉泥250克、莲藕泥120克、无籽葡萄适量、番茄2个、葱2根

调味料

A 姜泥1/2小匙、细砂糖1/2小匙、香油1/2大匙、盐少许、胡椒粉少许、
B 姜末1/2小匙
C 米醋1大匙、细砂糖1大匙、番茄酱1大匙、鲜美露1大匙、水2大匙

做法

1 番茄洗净去蒂头，切块；葱洗净去根部，切段；调味料C调匀，备用。
2 将猪肉泥加入盐拌打出肉泥黏性，再加入其余调味料A和莲藕泥搅拌均匀。
3 取猪肉泥，以每份约30克，包入1颗无籽葡萄捏成丸状。
4 煮一锅滚沸的水，放入做法3完成的肉丸汆烫至肉丸浮起，捞出备用。
5 热锅，加入少许橄榄油，放入葱段和调味料B爆香，加入番茄块、无籽葡萄以及做法1的调味料C略煮，放入肉丸拌炒均匀至入味即可。

加入少许盐调味。　拌打出肉泥黏性。

加入其他食材拌匀。

捏成丸状即可。

Tips.料理小秘诀

肉泥如果没有事先要煮，可以先分成每次需要的分量，放入塑料袋中压扁冷冻起来，要使用时退冰后再依照左图的制作方式揉成肉丸即可。

234 红烧狮子头

材料

A 瘦肉420克、肥猪肉180克、荸荠100克、鸡蛋1个、姜末15克、葱末20克

B 大白菜400克、葱2根、姜15克

调味料

A 盐6克、水100毫升、鸡精8克、细砂糖10克、酱油15毫升、米酒15毫升、白胡椒粉茶匙、香油1大匙

B 水1000毫升、酱油160毫升、细砂糖1大匙

做法

1 荸荠洗净拍碎切粒；大白菜洗净切块；瘦肉洗净剁肉末，肥猪洗净肉切末，备用。
2 将瘦肉末放入钢盆中，加入盐搅拌后，拿起往盆中摔，重覆数次直至肉有黏性，加入鸡精、细砂糖及鸡蛋拌匀，将100毫升水分2次加入，边加边搅拌至水被肉吸收。
3 续加入荸荠、姜末、葱末、肥肉末和其余调味料A，拌匀后分成数等份，用手掌拍成圆球形即成狮子头。
4 取锅倒入100毫升色拉油，加热至约100℃，将狮子头下锅，以中火煎至表面成形且略焦黄即可。
5 取砂锅，将材料B的葱、姜拍破后放入锅中垫底，再依序放入煎好的狮子头及调味料B，待烧滚后，转小火煮约30分钟，再加入大白菜，煮约15分钟至大白菜软烂后即可。

235 狮子头大根煮

材料

A 猪肉泥200克、蘑菇4朵、胡萝卜丝20克、牛蒡丝20克、泡发香菇2朵

B 白萝卜1根（约600克）、白芝麻适量

调味料

A 姜泥1/2小匙、细砂糖1/2小匙、鲜美露1/2大匙、香油1/2大匙、盐少许、胡椒粉少许

B 鲜美露2大匙、米酒2大匙、细砂糖2大匙、香油1大匙

做法

1 白萝卜洗净去皮，切成厚度约3厘米、长宽约5×3厘米的长条；煮一锅滚沸的水，放入白萝卜条，煮至白萝卜条七八分熟呈微透明状时捞起，锅中的水保留备用。
2 蘑菇洗净切碎，泡发香菇洗净切细丝；猪肉泥加入盐拌打出肉泥黏性，再加其余调味料A和材料A搅拌均匀后均分为5等份，捏成丸状备用。
3 取做法1锅中的水约300毫升，加入所有调味料B调匀，放入白萝卜条和肉丸，以大火煮至汤汁滚沸再转至中小火煮约20分钟，起锅后撒上白芝麻即可。

236 古早肉臊

材料

猪肉泥300克、红葱头3粒、蒜头5颗、红辣椒1个、葱1根

调味料

冰糖1大匙、酱油2小匙、鸡精1小匙、香油1小匙、盐适量、白胡椒粉适量

做法

1 先将红葱头、蒜头、红辣椒和葱洗净沥干，分别切碎末状备用。
2 起锅，加入少许油烧热，放入猪肉泥以中火先爆香。
3 续于锅中加入做法1的所有材料翻炒均匀，再加入所有的调味料以小火翻炒至汤汁略收即可。

Tips.料理小秘诀

炒肉臊时，适时加入一些冰糖翻炒，可以增加肉臊的外观色泽度，看起来油油亮亮的较好吃。

237 瓜仔肉臊

材料

猪肉泥300克、花瓜100克、蒜头10颗、水800毫升

调味料

酱油5大匙、冰糖2大匙、米酒3大匙、五香粉1小匙

做法

1 将花瓜、蒜头分别洗净剁碎备用。
2 热油锅，放入蒜头碎爆炒，放入猪肉泥炒香，再放入花瓜碎、所有调味料和水后，再移入炖锅。
3 将炖锅用大火煮滚后，转小火盖上盖子，卤60分钟即可。

Tips.料理小秘诀

冰糖不会很甜，卤肉时加入适量冰糖既可增添光泽，也能让卤汁滑顺，更能中和咸味，让口感甘甜温和。

238 五香肉臊

材料

猪肉泥400克、猪皮240克、油葱酥100克

调味料

水1800毫升、酱油250毫升、五香粉1/2小匙、细砂糖3大匙

做法

1 猪皮表面以刀刮干净后清洗干净，备用。
2 将猪皮放入约2000毫升的滚水（分量外）中，以小火煮约40分钟至软后取出冲凉，待猪皮完全冷却后，切成小丁备用。
3 锅中倒入约100毫升色拉油烧热，放入猪肉泥炒至散开。
4 续将水及酱油加入锅中，拌均匀后再加入猪皮，接着依序将细砂糖、五香粉加入锅中。
5 煮匀后再撒入油葱酥略拌，以小火熬煮约30分钟至汤汁略显浓稠即可。

239 鱼香肉臊

☆材料☆

猪肉泥300克、荸荠60克、新鲜黑木耳30克、葱50克、姜50克

☆调味料☆

水1200毫升、糖3大匙、鸡精1大匙、米酒2大匙、酱油2大匙、香油2大匙、辣油2大匙、辣豆瓣酱2大匙

☆做法☆

1 除猪肉泥外，将所有材料洗净剁碎备用。
2 热锅，倒入适量油，放入做法1的材料炒香，再加入猪肉泥炒至变色。
3 加入所有调味料煮约20分钟即可。

Tips.料理小秘诀

制作肉臊所用肉泥的肥肉、瘦肉最佳比例是4：6，乍一看你可能会觉得惊讶，肥肉的比例竟然要四成，但是就是需要足够的油脂，才能使肉臊具有浓郁的香味，若肥肉超过四成，则会使肉臊口感变得油腻，而低于四成会使瘦肉因为久煮而变得干涩。

另外值得一提的是，若以猪皮搭配肉泥制作肉臊，猪皮的分量也要适量，肉与猪皮的最佳比例为6：4，肉指的是肉泥（肥肉加上瘦肉）的分量，这个比例的肉臊胶质含量刚刚好，但记得猪皮一定要充分熬煮到软透，否则反而会大大增加肉臊的油腻感！

每个人在口感与味道喜好上不尽相同，所以如果喜欢瘦一点或肥一点的肉臊，也可以将肥瘦比例适当加以调整！

240 香菇肉臊

☆材料☆

猪肉泥……300克
猪皮……180克
泡发香菇……100克
红葱酥……80克

☆调味料☆

酱油……150毫升
细砂糖……3大匙
水……1400毫升

☆做法☆

1 将猪皮表面的猪毛以刀刮干净后洗净，放入约2000毫升滚水中，以小火煮约40分钟，至软后取出冲凉、切小丁。
2 泡发香菇洗净，切小丁备用。
3 锅中倒入约100毫升色拉油烧热，放入香菇丁以小火爆香，再加入猪肉泥炒至散开。
4 将红葱酥、猪皮丁及所有调味料加入锅中，以小火熬煮约30分钟至汤汁略显浓稠即可。

241 中式炸酱

材料

猪肉泥……… 200克
蒜头……………… 3颗
红辣椒………… 2个
黑豆干………… 2块

调味料

市售炸酱…… 5大匙
辣椒油……… 1小匙
细砂糖……… 1小匙
水…………… 2大匙

做法

1 蒜头、红辣椒洗净切片；黑豆干切丁备用。
2 起一个炒锅，加入一大匙色拉油，加入蒜头片、红辣椒片爆香。
3 再放入猪肉泥炒香后，加入所有调味料煮开，再转小火煮10分钟。
4 续加入黑豆干丁烩煮均匀入味即可。

242 红烧猪尾

材料

猪尾………… 450克
红辣椒………… 1个
姜……………… 30克
葱……………… 1根
蒜头…………… 5颗

调味料

酱油膏……… 3小匙
酱油…………… 1/2杯
红辣椒酱…… 1大匙
白砂糖……… 5小匙
米酒…………… 1/2杯
陈醋………… 1大匙
香油………… 1/2小匙
鸡高汤………… 5杯
（做法见P11）

做法

1 红辣椒洗净、剖开去籽、切片；姜洗净、去皮、切片；葱洗净、切段；蒜头去皮、洗净备用。
2 将猪尾上的猪毛拔除，放入滚水汆烫至熟后取出泡凉，以刀将猪尾表面刮干净，最后以清水洗净，分切成小段备用。
3 锅中倒入足够的油烧热，放入猪尾，以中火炸至外皮金黄，捞起沥油。
4 炒锅中倒入1大匙油烧热，放入做法1的材料爆香，再加入所有调味料与猪尾，大火煮开后，改小火煨烧30分钟至入味，最后改大火将汤汁煮至收干即可。

243 红烧蹄筋

* 材料 *

处理好的蹄筋300克、红辣椒1个、姜15克、葱1根、蒜头3颗、胡萝卜80克、小黄瓜50克、西蓝花100克

* 腌料 *

酱油1大匙

* 调味料 *

香菇精1/4小匙、酱油膏2大匙、番茄酱1小匙、白砂糖1小匙、白胡椒粉适量、米酒1大匙、陈醋1小匙、香油1/2小匙、鸡高汤1.5杯（做法见P11）

* 做法 *

1 红辣椒洗净去籽、切片；姜洗净去皮、切片；葱洗净、切段；蒜头去皮、洗净。
2 胡萝卜洗净、去皮、切长条，小黄瓜洗净、切滚刀块，分别放入热油锅中炸至变色，捞出沥油备用。
3 炒锅中倒入1大匙油烧热，放入做法1的材料爆香，再加入所有调味料、处理好的蹄筋与胡萝卜，以大火煮开后，改小火煨烧至入味，最后放入小黄瓜炒匀即可盛盘。
4 将西蓝花洗净、切小朵，放入滚水中烫熟，捞出沥干水分，排于蹄筋盘中作装饰即可。

蹄筋处理4步骤

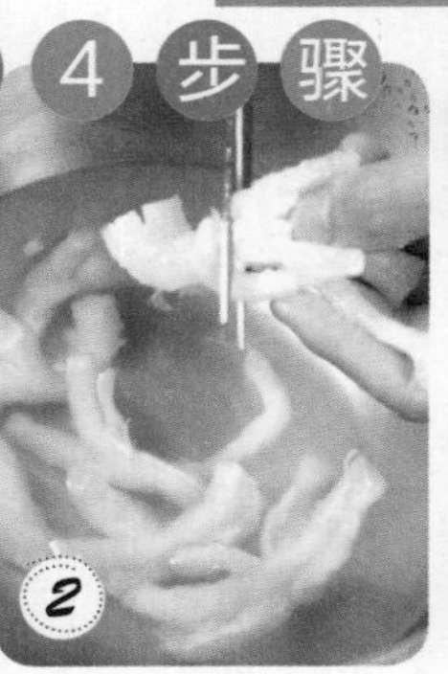

1 将蹄筋周围较硬的部分剪掉后洗净。
2 以剪刀将蹄筋剪成小块，再沥干水分。
3 锅中倒入足够的油烧热，放入蹄筋炸至外表金黄，捞起沥油。
4 将蹄筋放入碗中加入腌料拌匀，腌15分钟即可。

244 红烧虎掌

* 材料 *

处理好的虎掌450克、红辣椒1个、蒜头5颗、蒜苗2根、胡萝卜80克、芥蓝菜200克

* 调味料 *

辣豆瓣酱2大匙、鸡精1/2小匙、酱油膏3大匙、番茄酱1小匙、白砂糖3大匙、米酒1大匙、陈醋1小匙、香油1/2小匙、水5杯

* 做法 *

1 红辣椒洗净、剖开去籽、切片；蒜头去皮、洗净；蒜苗洗净、切丝；胡萝卜洗净、去皮、切块、烫熟备用。

2 炒锅中倒入1大匙油烧热，放入红辣椒与蒜头爆香，加入辣豆瓣酱炒出香味，续加入其他调味料大火煮开，再加入处理好的虎掌，改小火煨烧20分钟至入味，最后再放入胡萝卜略炒即可盛盘。

3 将芥蓝菜洗净、对半切开，放入滚水中烫熟，捞出沥干水分，排于虎掌盘中，再加蒜苗丝装饰即可。

Tips.料理小秘诀

虎掌就是猪膝盖里面的韧带部位，颜色看起来有点像猪油，不过经过油炸之后就会变成诱人的金黄色，而且带有很Q的口感。

虎掌处理3步骤

1 将虎掌周围的油脂切掉后洗净。

2 将虎掌沥干水分后，再分切成小块。

3 锅中倒入3杯油烧热至约130℃，放入虎掌块炸至外表金黄，捞出沥油。

245 红烧肥肠

材料

处理好的肥肠……… 3条
姜片……………… 50克
葱…………………… 2根
蒜头………………… 3颗
红辣椒……………… 1个

调味料

甜面酱…………… 1大匙
香菇精………… 1/4小匙
酱油……………… 1小匙
番茄酱…………… 1大匙
白砂糖…………… 1小匙
米酒……………… 2大匙
白醋…………… 1/4大匙
香油…………… 1/4大匙
鸡高汤…………… 3大匙
（做法见P11）

做法

1 红辣椒洗净、剖开去籽、切片；蒜头去皮、洗净。
2 炒锅中倒入1大匙油烧热，先放入做法1的材料与甜面酱爆香后，再加入其他调味料、处理好的肥肠以大火煮开，再改小火煨烧至入味即可。

Tips.料理小秘诀

将肠头向里翻塞至饱满，可以使其口感更加扎实，肥肠就不会因为烧煮而变软烂。另外肥肠一定要清洗干净，味道才会香而不腥，同时也比较卫生。

肥肠处理4步骤

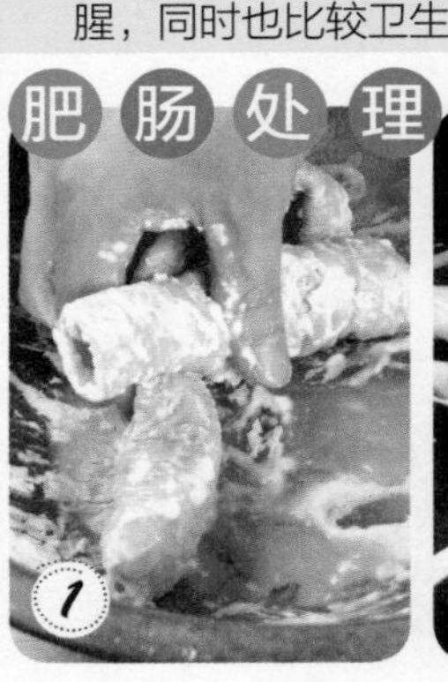

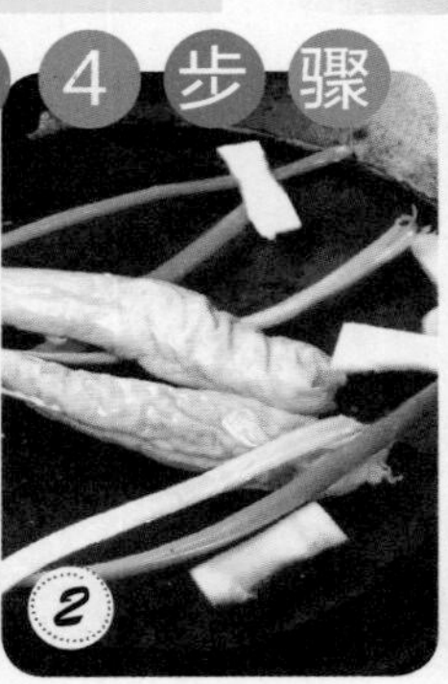

1 稍微刮除肥肠表面的脂，以少许面粉搓洗冲洗干净。
2 滚水中，加入肥肠、片与葱段煮约30分钟关火再泡10分钟。
3 捞出再洗净，以手或子将肠头向里翻塞饱满。
4 最后分切成段状即可

246 蒜泥白肉

材料

五花肉……… 300克
香菜末……… 1茶匙
姜片…………… 10克
葱段…………… 1根

调味料

红辣椒末……1/2茶匙
蒜泥………… 1茶匙
姜泥…………1/4茶匙
酱油膏……… 2大匙
酱油………… 1茶匙
细砂糖……… 1茶匙
五花肉高汤… 2大匙
香油………… 1茶匙

做法

1 将五花肉放入一锅烧滚的热水中，加入姜片、葱段以小火煮20分钟，熄火加盖闷15分钟至熟后取出，剩余的即为五花肉高汤。
2 将所有调味料材料混合调匀成酱汁。
3 将五花肉切成约0.3厘米厚的薄片，排入盘中再淋上酱汁，撒上香菜末即可。

Tips.料理小秘诀

做蒜泥白肉必须先煮五花肉，记得煮的时候要将整块五花肉下去烫煮，煮好了再捞起来切薄片，这样才能保存肉汁，而且形状也不会散掉。

1

2

3

4

5

247 辣拌五花肉

* 材料 *

五花肉（薄片）150克、茄子1个、豇豆2根、白芝麻适量

* 调味料 *

辛辣淋酱适量

* 做法 *

1 茄子洗净、沥干水分去蒂后切段，每段对切成2片，皮面朝下放入滚水中煮至柔软，捞起并放置冷却。
2 豇豆洗净，适当切段，放入滚水后汆烫至翠绿，再捞起泡入冷水中至冷却，捞起并沥干水分后与做法1一起放入冰箱冷藏备用。
3 将猪五花肉片放入滚水中汆烫至熟，捞起泡入冰水中冰镇至凉，再捞起并沥干水分备用。
4 取盘，于盘中排入茄子与豇豆，再排上五花肉片，淋上适量的辛辣淋酱后，撒上白芝麻即可。

辛辣淋酱

材料：
酱油1大匙、米醋1大匙、细砂糖1/2大匙、蒜末1小匙、辣椒油适量

做法：
取一碗，将所有材料放入碗中混合即可。

248 冷涮薄肉片

* 材料 *

五花肉（薄片）150克
小黄瓜………… 1条
菠萝块……… 100克

* 调味料 *

水果醋淋酱…… 适量

* 做法 *

1 五花肉片放入滚水中汆烫至熟，捞起放入冰水中冰镇冷却，再捞起并沥干水分备用。
2 小黄瓜搓盐后洗净切小块；菠萝切小块，将切好的小黄瓜块、菠萝块一起放入冰箱冷藏冰镇备用。
3 将五花肉片、小黄瓜块、菠萝块一起拌匀，放入盘中再淋上水果醋淋酱即可。

水果醋淋酱

材料：
吉利丁片2克、水100毫升
调味料：
和风酱油露2大匙、苹果醋1大匙

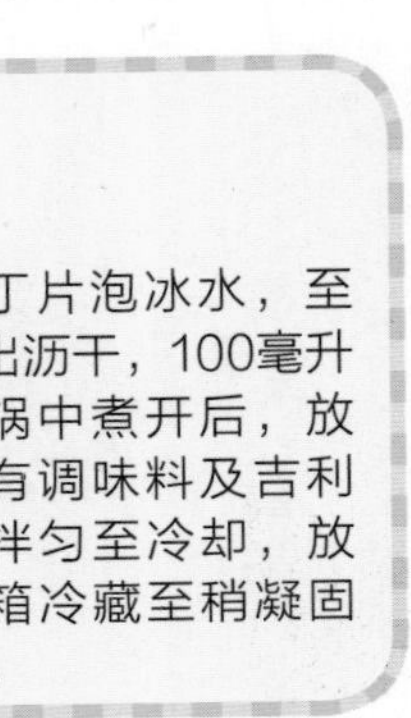

做法：
吉利丁片泡冰水，至软取出沥干，100毫升水入锅中煮开后，放入所有调味料及吉利丁片拌匀至冷却，放入冰箱冷藏至稍凝固即可。

249 橙醋肉片

* 材料 *

梅花火锅肉片… 1盒
柠檬…………… 1颗
柳橙……………1/2颗

* 调味料 *

白醋………… 1大匙
酱油………… 1大匙
味醂………… 1大匙
水………… 2大匙

* 做法 *

1 柠檬和柳橙分别榨汁备用。
2 取柠檬汁3大匙、柳橙汁1大匙和所有调味料拌匀成蘸酱备用。
3 将梅花火锅肉片洗净，放入滚水中汆烫至熟，捞出沥干摆盘，搭配蘸酱食用即可。

250 烧肉生菜沙拉

材料

火锅梅花肉片…… 5片
生菜……………… 3片
苜蓿芽………… 50克
圣女果………… 3颗
熟白芝麻……… 少许

腌料

酒……………… 1大匙
糖……………… 1小匙
酱油…………… 2大匙

做法

1 生菜、苜蓿芽、圣女果洗净摆盘备用。
2 火锅梅花肉片加入所有腌料拌匀备用。
3 取一炒锅，加少许色拉油加热，将火锅梅花肉片煎熟。
4 取出肉片，放入做法1的盘中，淋上锅中剩余的酱汁，撒上熟白芝麻即可。

Tips.料理小秘诀

用来包烧肉的菜叶尽量选用口感清脆、味道不会苦涩的蔬菜叶片，比如生菜、圆白菜等，吃起来味道与口感才会好。

251 水晶肉冻

材料

猪皮300克、猪肉150克、沙拉笋丁80克、琼脂条5克、姜片15克、葱段15克、蒜头15克、白胡椒粒5克、水600毫升、葱花适量

调味料

酱油2大匙、素蚝油1小匙、冰糖1小匙、米酒1大匙、盐少许

做法

1 先将猪皮洗净，放入滚水中汆烫约5分钟，再捞出冲冷水，并刮除肥油切丝。
2 猪肉切成小丁状，放入滚水中汆烫，去除血水后捞出备用。
3 将猪皮、姜片、葱段、蒜头、白胡椒粒和水放入电锅内锅中，于外锅加入2杯水，煮至开关跳起，再取出材料，保留汤汁。
4 将沥出的汤汁中加入肉丁、沙拉笋丁、琼脂条和调味料，再放入电锅中，于外锅加1杯水，煮至开关跳起再焖一下，取出加入葱花，倒入模型中，待凉后以保鲜膜封紧，放入冰箱中冷藏至冰凉、凝固即可。

Tips.料理小秘诀

在做冻类料理时，可以在容器的底层先铺上一层保鲜膜，再倒入冻汁，如此从冰箱冷藏后取出食用时，就不会发生倒不出来的情形。但如果想直接放在容器中食用，则可以省略这个步骤。

252 酸辣猪脚

材料

猪脚……………… 700克
姜片……………… 适量
葱段……………… 适量
花椒粒…………… 5克
蒜末……………… 10克
红辣椒末………… 10克
香菜末…………… 5克

调味料

鱼露……………… 2大匙
糖………………… 1大匙
柠檬汁…………… 2大匙

做法

1 煮一锅水至滚，放入姜片、葱段，再将猪脚洗净后放入滚水中汆烫去血水，约8分钟后再捞起冲冷水。
2 取一汤锅，加入适量水（分量外）和花椒粒煮滚，放入猪脚以小火煮约90分钟，再捞出泡入冰水中。
3 将猪脚切成小块状，先与所有调味料混合拌匀，再放入蒜末、红辣椒末、香菜末拌匀。
4 最后将猪脚装入保鲜盒中，放入冰箱冷藏1天至冰凉入味即可。

253 绍兴札蹄

＊材料＊

猪前脚1支（约1400克）、葱2根、姜30克

＊调味料＊

A 鸡高汤500毫升（做法见P11）、香叶4片、花椒3克、丁香3克、甘草5克、肉桂4克、盐2茶匙、鸡精1茶匙、细糖1茶匙

B 绍兴酒700毫升

＊做法＊

1 猪脚洗净后，将肉与骨慢慢地切分离，然后去掉胫骨。
2 将刚刚与骨头分离外翻的肉塞回皮里，再用针线将猪脚切口处缝合。
3 烧一锅水，把葱切段、姜拍破后放入锅中，再把缝好的猪脚放入锅中，一起以小火煮约2小时至熟后取出沥干。
4 另起锅，将调味料A放入锅中煮开约1分钟后放凉，再加入绍兴酒搅拌均匀，放入煮好的猪脚浸泡一天。
5 食用前取出猪脚切薄片即可。

254 粉板拌白肉

＊材料＊

瘦肉200克、老姜20克、葱段1根、新鲜绿豆粉皮3张、蒜泥1/2茶匙、红辣椒末少许、葱花1大匙

＊调味料＊

A 芝麻酱1.5大匙、凉开水3大匙

B 白醋1茶匙、盐1/2茶匙、糖1茶匙、酱油1茶匙、香油1茶匙

＊做法＊

1 烧一锅水，加入拍碎的老姜和葱段，水滚后放入整块瘦肉，以中小火煮约18分钟至肉熟，取出放凉后，切成约0.2厘米厚的薄片排盘，备用。
2 新鲜绿豆粉皮切2厘米宽条，备用。
3 取一大碗，放入芝麻酱，分3次加入凉开水调匀芝麻酱，再加入蒜泥和所有调味料B拌匀。
4 将做法1、2、3的材料一起拌匀盛盘，最后再撒上红辣椒末与葱花装饰即可。

255 云南大薄片

材料

猪头皮300克、姜片4片、葱段20克、洋葱丝适量、香菜适量、碎花生适量、红辣椒末适量

调味料

鱼露1大匙、细糖1大匙、柠檬汁2大匙、凉开水1大匙

做法

1 将所有调味料混合搅拌均匀，即为酸辣汁备用。
2 猪头皮洗净，放入滚沸的水中汆烫5分钟，捞出冲水并刷洗干净。
3 取锅加水，放入猪头皮、姜片和葱段煮约30分钟，捞出冲水待凉，再放入冰箱中冷冻约30分钟后，取出切薄片备用。
4 洋葱丝泡入冰水中；香菜洗净切小段备用。
5 将洋葱丝、猪头皮摆入盘中，再放入红辣椒末，淋上酸辣汁，并撒上香菜段和碎花生即可。

256 红油猪舌

材料

猪舌……………1条
花椒……………5克
八角……………10克
蒜末……………10克
葱花……………20克

调味料

酱油…………2大匙
细糖…………1大匙
白醋…………2茶匙
花椒粉………1/4茶匙
辣椒油………3大匙

做法

1 猪舌放入滚水中汆烫后，刮去舌膜洗净。
2 取锅，加入约1500毫升水烧至滚沸，加入花椒、八角后，将猪舌放入锅中，以小火煮约1小时至熟透。
3 猪舌捞起，泡入水中约30分钟待凉后，放入冰箱冰至冰凉，取出切薄片盛盘。
4 将蒜末、葱花和所有调味料混合拌匀后，淋至猪舌上即可。

257 酸辣猪头皮

材料
猪头皮……… 300克
花椒…………… 5克
八角…………… 10克
红辣椒末……… 5克
蒜末…………… 5克
香菜碎………… 2克
碎花生………… 10克

调味料
柠檬汁……… 1大匙
鱼露………… 2大匙
白醋………… 1茶匙
细糖………… 1大匙

做法
1 取锅，倒入约4000毫升水（分量外），加入花椒和八角后，将猪头皮放入锅中煮约40分钟至熟透，取出泡入水中约30分钟至凉透略有脆感。
2 将放凉的猪头皮切成薄片，排入盘中备用。
3 将红辣椒末、蒜末、香菜碎和所有的调味料拌匀成酱汁，再淋至猪头皮上。
4 最后再撒上碎花生，食用时拌匀即可。

258 豆豉蒸排骨

材料

小排骨……… 250克
葱末………… 1小匙
姜末………… 1小匙
蒜末………… 1小匙
红辣椒末…… 1小匙
香油………… 1小匙

腌料

酒…………… 1大匙
盐…………… 少许
糖…………… 少许
胡椒粉……… 少许
淀粉………… 1大匙

调味料

干豆豉……… 1大匙
蚝油………… 2小匙
糖…………… 1小匙
醋…………… 少许

Tips.料理小秘诀

可拿一般的双层铁制蒸笼取代竹蒸笼；将底锅先装半锅水煮沸，再将排骨连同盘子放置上层的蒸笼内即可。也可放入电锅内，于外锅加1杯水焖煮至开关跳起即可。

做法

1 小排骨洗净切小块，加入所有腌料拌匀，静置约20分钟至入味；干豆豉泡水至软备用。
2 将半锅油烧热至油温约170℃时，放入小排骨，用中火略炸约30秒即可捞出沥油，放入盘内待凉备用。
3 将所有调味料拌匀，加入做法2的排骨中，连同盘子一起放入竹制蒸笼内，盖上蒸笼盖。
4 用大火蒸约30分钟后取出，滴入香油，撒上葱末、姜末、蒜末、红辣椒末即可。

259 竹叶蒸排骨

材料

排骨………… 300克
蒜末…………… 20克
姜末…………… 10克
竹叶…………… 3张

调味料

蚝油………… 1大匙
酒酿………… 1大匙
花椒粉………1/2茶匙
细砂糖……… 1茶匙
香油………… 1大匙

做法

1 将排骨剁成长约5厘米的带骨长条，洗净后沥干水分，备用。
2 竹叶放入滚沸的水中烫软，捞出洗净，取竹叶中段较整齐的部分约15厘米长，备用。
3 将排骨、姜末、蒜末与所有调味料一起拌匀，腌渍约10分钟。
4 将竹叶摊开，放入1根排骨，再将竹叶卷起呈长条状放置于盘上；重复上述步骤依序包好所有排骨。
5 将竹叶排骨放入蒸笼内，以大火蒸约40分钟后取出，打开竹叶食用即可。

260 粉蒸肉

材料

带皮五花肉……200克
地瓜……100克
蒸肉粉……2大匙
姜末……1/2茶匙
葱花……少许

调味料

辣豆瓣酱……1茶匙
酱油……1/2茶匙
鸡精……1/4茶匙
细砂糖……1/2茶匙
绍兴酒……1茶匙

做法

1 地瓜去皮洗净切块，放入容器中垫底。
2 五花肉洗净切成2厘米厚片，加入所有调味料和姜末抓匀，静置30分钟。
3 将腌好的五花肉加入蒸肉粉拌匀，放入做法1的容器中，再放入电锅中蒸1.5小时（外锅加入2杯水），蒸好取出撒上葱花即可。

Tips.料理小秘诀

粉蒸肉要入味，秘诀在于肉要先腌过。在肉里加入辣豆瓣酱、酱油和绍兴酒等酱料，用手抓一抓，让肉能彻底吸收酱汁，料理起来更美味。

261 梅肉福菜烧

材料

里脊肉片……150克
干福菜……30克
葱花……适量
香油……少许

调味料

A 细砂糖……1/3小匙
盐……少许
胡椒粉……少许
米酒……1大匙
香油……1小匙
淀粉……1小匙
B 细砂糖……1小匙
酱油……1/2小匙

做法

1 里脊肉片加入调味料A抓匀备用。
2 干福菜洗净沥干水分后剁碎，加入调味料B拌匀。
3 取一蒸盘，摆入里脊肉片，覆上福菜碎，放入电锅或蒸笼以大火蒸约8分钟，淋上少许香油，再撒上葱花蒸约15秒即可。

262 蒜蓉蒸排骨

* 材料 *

小排骨……………300克
红辣椒………………2个
蒜头………………80克

* 调味料 *

A 盐 ………… 1/2茶匙
味精………… 1/2茶匙
砂糖…………… 1茶匙
淀粉…………… 1大匙
水…………… 20毫升
米酒…………… 1大匙
蚝油…………… 1大匙
B 色拉油……… 100毫升
香油………… 30毫升

* 做法 *

1 小排骨剁小块，以流动的冷水冲洗去血水后捞起，沥干水分备用。
2 红辣椒洗净切末；蒜头洗净切末，以大碗盛装，备用。
3 热锅，倒入100毫升色拉油，以大火将色拉油烧热至油温约180℃，冲入蒜末中即成蒜油备用。
4 将排骨块倒入大盆中，加入所有调味料A及红辣椒末，充分搅拌均匀至水分被排骨块吸收。
5 续加入蒜油及香油拌匀，放入蒸笼以大火蒸约20分钟取出，摆上少许葱段（分量外）装饰即可。

1

2

3

4

5

263 泡菜蒸肉片

Tips.料理小秘诀

韭菜烫过后变得较软，方便用来绑肉卷，不但可以防止肉卷松开，韭菜的香气也能与肉卷融合，比起用竹签固定，好处更多。

材料

火锅五花肉片… 12片
市售韩式泡菜… 60克
韭菜…………… 6根

调味料

市售韩式泡菜酱汁1大匙

做法

1 韭菜洗净烫熟，冲冷水沥干；将泡菜分成6等份备用。
2 取2片火锅五花肉片，放上1份泡菜卷起成泡菜肉卷。
3 用韭菜将泡菜肉卷绑紧，放入蒸盘中，倒入调味料。
4 将做法3放入电锅中，外锅加入1杯水，盖上锅盖按下开关，待开关跳起后即可。

264 咸蛋肉饼

材料

猪肉泥……… 200克
生咸蛋（蛋黄、蛋清分开）…………… 1个
荸荠…………… 80克
葱……………… 40克
姜……………… 30克
葱白丝………… 适量

调味料

酱油………… 1小匙
米酒………… 1小匙
香油………… 1小匙
淀粉………… 1小匙
白胡椒粉…… 1小匙

做法

1 荸荠、葱及姜洗净切末，与猪肉泥、咸蛋清、所有调味料混合捏成饼状。
2 将咸蛋黄压在肉饼的中间备用。
3 将肉饼放入蒸锅中蒸约12分钟，撒上葱白丝即可。

Tips.料理小秘诀

咸蛋有熟的与生的两种，做咸蛋肉饼时使用的是生咸蛋，否则在经过蒸煮后咸蛋黄会太干影响口感，而生的咸蛋则刚好在蒸煮过程中变熟，口感就不受影响了。

265 树子蒸肉

材料

猪肉泥……… 200克
荸荠…………… 80克
树子…………… 30克
葱……………… 40克
姜……………… 30克
红辣椒末……… 10克

调味料

酱油………… 1小匙
米酒………… 1小匙
香油………… 1小匙
淀粉………… 1小匙
白胡椒粉…… 1小匙

做法

1 荸荠、葱及姜切末，与猪肉泥、所有调味料混合捏成饼状。
2 将树子、红辣椒末倒在肉饼上备用。
3 将肉饼放入蒸锅中蒸约12分钟即可。

266 团圆三丝丸

材料

猪肉泥……… 250克
鱼浆…………… 50克
姜末…………… 少许
蒜末…………… 少许
蟹肉棒（剥丝） 3支
黑木耳丝……… 30克
胡萝卜丝……… 50克
青芦笋（切丁）30克
水淀粉………… 适量

调味料

A 生抽 …… 1小匙
盐…………… 少许
糖…………… 少许
白胡椒粉…… 少许
淀粉………… 适量
B 盐…………1/4小匙
鸡精………1/4小匙
香油………… 少许

做法

1 猪肉泥剁细，加入鱼浆、姜末、蒜末、调味料A搅拌均匀，放置约15分钟，备用。
2 黑木耳丝、胡萝卜丝放入沸水中烫软，备用。
3 将猪肉泥揉成小丸子，沾上胡萝卜丝、黑木耳丝及蟹肉棒丝，再放入蒸锅中蒸熟后取出，备用。
4 热锅，加入1大匙油，放入蒜末爆香，倒入适量水煮滚后，加入调味料B、芦笋丁煮匀，再以水淀粉勾芡后淋在丸子上即可。

Tips.料理小秘诀

胡萝卜、木耳剩下一部分，蟹肉棒、鱼板等火锅料没煮完怎么办？不如花点巧思，可以切丝的材料就切成丝裹在肉丸上，芦笋之类不适合切丝就切丁一起烩煮淋上去，就是一道卖相好又省钱的美味菜。

267 烧烤猪小排

材料

猪小排……… 500克
巴西里末……… 适量
番茄……………1/2个

腌料

白酒………… 2大匙
蒜末…………1/4小匙
番茄酱………1/2小匙
红辣椒末……1/4小匙
橄榄油……… 1大匙
A1酱 ……… 2大匙
意式香料……1/4小匙

做法

1 将腌料混合均匀，即为B.B.Q猪肋排腌酱备用。
2 猪肋排洗净，加入B.B.Q猪肋排腌酱后腌约30分钟备用。
3 将腌好的猪肋排放入已预热的烤箱中，以150℃烤约30分钟。
4 取出猪肋排盛盘，加上切片的番茄，再撒上巴西里末即可。

Tips.料理小秘诀

虽然说大块肉切小块一点比较好入味，但是因为猪肋排需要长时间的烘烤，因此尽量整块腌渍再烤，以免让肉质过老。

268 蜜汁烤排骨

材料

猪小排……… 500克
蒜末…………… 30克
姜末…………… 20克

调味料

A 酱油 …… 1茶匙
五香粉……1/4茶匙
糖………… 1大匙
豆瓣酱……1/2大匙
B 麦芽糖……… 30克
水………… 30毫升

做法

1 猪小排剁成长约5厘米的块状，洗净沥干，将调味料A混合均匀涂抹于肉排上，腌20分钟备用。
2 将调味料B的麦芽糖及水一同煮溶成酱备用。
3 烤箱预热至200℃，将腌好的肉排平铺于烤盘上，放入烤箱烤约20分钟。
4 取出烤好的肉排，刷上做法2的酱汁即可。

Tips.料理小秘诀

肋排在烤的时候容易粘在烤盘上，尤其是加上酱汁更容易沾粘，因此烤盘上可以先铺上一层铝箔纸，并在铝箔纸上刷上一层薄薄的油，这样就不容易沾粘了。

269 美式烤小排

材料

猪小排1份（约12支肋骨相连不切断）

调味料

洋葱1/2颗、苹果1个、菠萝1/4个、月桂叶3片、红酒1大匙、A1酱1大匙、黑胡椒粒1小匙

做法

1 洋葱、苹果、菠萝分别洗净去皮切小块，放入果汁机中打成泥状，再加入红酒与A1酱搅拌均匀备用。
2 猪小排洗净后用刀在两面轻划数条刀痕，再浸泡于做法1的腌料中，于肉面放上月桂叶及黑胡椒粒，仔细均匀地搓揉，再放置冰箱冷藏一夜。
3 烤箱预热160℃；将肋排用铝箔纸完全包裹起来放入烤箱内，以160℃烤约30分钟后取出，去除铝箔纸并刷上剩余的腌料酱汁，再送回烤箱内，调高烤箱温度至200℃，烤约10分钟至表面酥脆即可。

270 咖喱排骨

材料

猪小排……… 500克

腌料

洋葱……………1/4颗
咖喱粉……… 2大匙
酱油………… 1大匙
酒…………… 1大匙
糖…………… 1大匙

做法

1 猪小排洗净，切成约5厘米长的段；洋葱洗净去皮切成细末备用。
2 将所有腌料拌均匀，放入猪小排充分搅拌至完全沾满酱汁，静置30~40分钟至入味。
3 取一平底锅，热锅后倒入少许色拉油，放入猪小排，用小火煎至两面皆呈金黄色即起锅。
4 于烤箱最底层铺上铝箔纸，并预热至200℃；将排骨放在烤架上送入烤箱，约烤15分钟至熟即可。

271 日式烧肉

材料

里脊肉300克、七味粉少许、红甜椒片20克、生菜叶适量

腌料

味醂2大匙、蜂蜜1大匙、白芝麻1/4小匙、日式酱油1/2大匙、白萝卜泥2大匙

做法

1 腌料混合均匀备用。
2 里脊肉洗净切片，加入腌料腌约10分钟备用。
3 将里脊肉片放入已预热的烤箱中，以150℃烤约5分钟。
4 取出里脊肉片，放在铺有生菜叶的盘子上，撒上七味粉再搭配上红甜椒片即可。

Tips.料理小秘诀

日式烧肉腌酱除了当作肉片的腌酱之外，也可以拿来蘸烤好的肉片，但是记得要重新调过，别蘸腌过生肉的腌酱食用。

牛肉类料理篇

炒炸卤煮拌淋蒸烤

热呼呼、香喷喷的牛肉料理，
是老饕们最爱的美味，
想来点不一样的滋味，
那异国风味的咖喱牛腩煲，
绝对会为家中餐桌增添新意，
牛肉的美味就是如此让人难以抵挡！

牛肉部位与肉品保存

● 牛肉各部位适合的料理

牛肉每个部位各适合不同的料理方式，比如烧烤、炖煮与快炒等。并不是所有的牛肉部位都适合拿来做长时间的烧煮，所以如果想要吃到软Q的红烧牛肉，料理之前可得先买对牛肉部位，这样你的炖牛肉才不会难以入口！

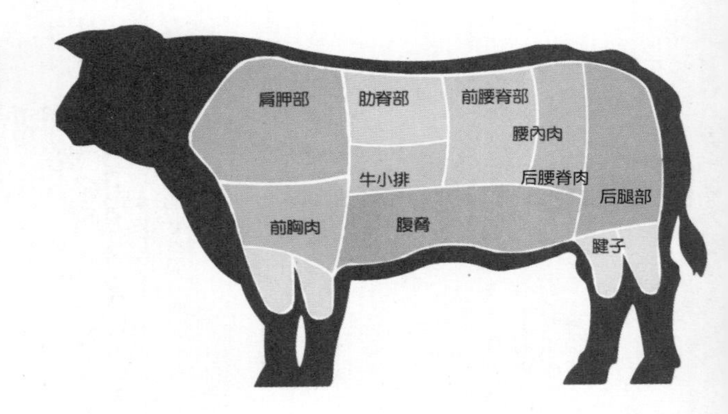

牛小排

肉质结实，油纹分布适中，但含脂量较高，通常拿来作为烧烤之用，在烧烤的过程中，油脂遇热会流出。牛小排在烹调的时候，通常采用横切处理，因此拿牛小排长时间烧煮，别有一番风味。

牛腱

分为花腱和腱子心，腱子心较小颗，炖煮起来较好吃。腱子肉是牛前后小腿去骨后所得的肉块，属于常运动的部位，筋纹呈花状，含有高量的胶质，带筋且脂肪也少，口感既有Q劲又多汁，很适合长时间的红烧或炖煮。

牛肋条

亦称牛五花，属于牛肋骨间的条状肉，重点在于牛肋条的油花多，经过受热后它的油花会和肉质溶为一体，造成汁多味美、入口即化的口感效果。

牛腩

牛肋下方腹部椭圆形状，肉块扁平，取自牛的腰窝靠接大腿的部位。其肉质纤维较粗，肉中脂肪量少不需切修。它是牛肉料理中最常使用的材料之一，非常适合用来红烧、炖煮。

牛脖花

指牛的脖子部位，一般价位较低的牛肉面摊，大都选用牛脖花，因为牛脖花的价格相较于其他部位牛肉，如牛腩、牛腱等便宜许多，买牛脖花最好是预先向牛肉摊贩订购，比较容易取得。

牛筋

指牛的蹄筋部位，分为双管和单管，购买时可选较宽的，因为牛筋很硬，使用快锅来料理会较方便省事。如果选择牛筋来做红烧或炖煮材料时，煮的时间一定要久一些，这样才能让牛筋双管较软化。

肩胛部

肩胛是经常运动的部位，肌肉发达，筋多，肉质较坚实。

而肩胛部又可分为：

嫩肩里脊(板腱)：是附着于肩胛骨上的肉，富油花且肉质嫩，是极佳的牛排、烧烤及火锅片用肉。

翼板肉：含有许多细筋路、口感Q、油花多、嫩度适中、具独特风味。适合牛排、烧烤及火锅片用肉。

肋脊部

肋脊部的运动量较小，中间有筋，结缔组织受热易胶化，肉质较嫩，油花均匀，具独特风味，是极佳的牛排部位，而俗称的沙朗牛排即是切自肋脊部，常用于煎、蒸、火锅等方式烹调。

腰内肉

即一般所称的小里脊肉，是运动量最少、口感最嫩的部位，常用来做菲力牛排及铁板烧。

前腰脊部

腰脊肉的运动量较少，肉质较嫩，大理石纹油花分布均匀，属于大里脊肉的后段。此部位适合以煎、烤牛排方式烹调，也常用于蒸牛肉、火锅片、铁板烧等。像丁骨、纽约客牛排，均是用此部位的肉来烹调。

后腰脊部

一般所称的沙朗肉即属于此部位，可分为上下两部分，而上部分的肉质细嫩且含油花，它又可再分为两种：

上后腰里脊肉：肉质细嫩，是很不错的牛排肉、烧烤肉及炒肉。

上后腰嫩盖仔肉：口感最嫩的肉之一，是上等的牛排肉及烧烤肉。

腹胁肉

腹胁肉的肉质纤维较粗，常在修去脂肪后，以腹胁排的方式贩卖，也可用来当作薄片烧肉。

后腿部

“鲤鱼管”居外侧后腿肉部位，状似菲力，但是肉质比较粗且硬实，处理时最好先去筋或以拍打方式加以嫩化处理。通常被用来当作炒肉或火锅肉片。

● 正确处理肉品最新鲜

※挑选

肉品的挑选一定要新鲜，统一的评价标准就是，颜色不可出现冰冻太久后的青色，闻起来不能有腥臭味。猪肉应呈略红的粉红色，脂肪带有一点黏性并且是白色的，薄肉片的肉质要柔软较好；牛肉应呈鲜红色且肉质有弹性，油脂较一般肉品多点，油花多且分布漂亮的才是上等牛肉片，沙朗牛肉片就是很好的选择，不然煮出来的口感就没那么滑顺入口；鸡肉属于白肉，颜色较猪肉的粉红色再白一点点，脂肪含量低，一般选瘦肉多的为佳，肉质也以柔软为最佳。

※保存

买回来的食材，若一餐吃不完，一定要马上分装处理好，贴上写好购买日期的标签后再放入冰箱冷冻库，以利保鲜。可以照如下方法来保存：买回来后就先将肉品分成几等份，以每一等份的分量一餐可食用完毕为佳，以塑料袋分开包装，减少与空气接触的机会。记得肉片都要平铺好再放入袋中，若是传统市场买的肉片，则要多加一道清洗的手续，以厨房纸巾轻轻吸干水分后才能装袋。不过冰箱不是万能的，冷冻太久也会让肉品的鲜美味道降低，而且会造成肉质干涩口感变差，因此最好不要超过1个月，若是放在冷藏室中则只有3天的保鲜期限。

※料理前处理

解冻是肉品很重要的前处理过程，最好的方式是将肉品放在一个大碗或盆中（依分量多寡而定），提前12~24小时从冷冻室移放置冷藏室，让其慢慢地退冰。放入大碗或盆中主要是怕在退冰过程有水分渗出，影响冰箱的整洁，千万不要直接拿出来放在水槽中冲水，放在冷水中利用室温强力退冰，这种方式很容易滋生细菌，尤其是夏天温度较高，这样不仅影响风味，还容易造成食物中毒。还有一个重点，重复退冰再冷冻会破坏肉的纤维及新鲜度，若是肉因冷冻过久而出现略青的颜色，一拿出来就有些微腥臭味，就表示肉不新鲜了！

牛肉烹调方式大揭秘

炒

炒是牛肉、牛杂非常普遍的料理方式，材料多半是丁、丝、片、条等。炒时需先起油锅，动作要快速利落，以炒法料理的食材，多有脆、滑、嫩等特点。依食材、配料的不同，炒又有生炒、熟炒、软炊、干炒等变化。生炒又称“煸炒”，是将生食材以大火炒到六七分熟再放进调味料拌炒而成，如炒牛肉丝。熟炒是炒半熟食材，如回锅肉。食材经蛋清、淀粉等调味料糊过再炒为软炒、滑炒，口感更嫩更软，如蚝油牛肉。不经糊的食材，以调味料浸渍，加入配料炒到焦，再加卤汁为干炒。

煎

煎是在锅内加少许油，以油的热度让食材表面慢慢变黄和酥脆。煎可突显食材的鲜嫩口感，如牛沙朗做成的核桃牛肉。煎时要注意，食材多半需腌过，在煎的过程中不再调味，锅中的调味汁或食用时的蘸酱都在煎完后才进行。煎的食材如需要挂糊上浆，要即蘸即煎，避免脱落，也可确保外表脆酥。一般以中小火煎，可翻面但不翻炒。

炸

为了吃出原味，牛肉多半不做炸料理，不过会经一道类似炸的“滑油”过程，特别是薄片食材，如肉丝、肉片、肉粒。油锅中加入适量油，烧至约120℃，将腌过或裹上薄粉的肉片放入锅中约30秒到起油烟后捞起，称为滑油。滑油的目的与过油相同，可让食材表面形成薄膜，借此保持原味、维持形状，食用时也更嫩滑。

卤

卤是指将生食材放进卤汁中，透过加热成菜的料理方法，冷热皆可。牛肉、牛杂卤过后，不仅拥有独特的卤汁香，还可延长食用期限。卤食材最好先煮熟，如果直接生卤，等卤至入味，食材会变得太咸或颜色太深。卤制时，卤料和卤汁相混时以中小火滚煮，关火后，让食材浸泡在卤汁中一段时间，可使香味渗入其中。

蒸

因水蒸气中红外线非常少，所以食物不会上色，原油、原味损失也少，因此能保留食物的纯萃精华，如粉蒸牛肉、蒸牛肉卷等。蒸又分清蒸、粉蒸等方式，适用的食材很广，通常肉类需等水滚后再放进去蒸，肉的口感才会又紧又嫩。

凉拌

将生的或熟的食材切块、片、丝状，加入调味料混合拌均即可，做法简单，以清爽口感为主要特色。卤、煮或烤过的牛筋、牛腱、牛肉片、牛肚等都可拿来凉拌菜。

272 葱爆牛肉

材料

牛肉片……… 150克
葱………………… 3根
姜…………… 20克

腌料

酱油………… 1茶匙
糖………… 1/4茶匙
淀粉……… 1/2茶匙
嫩肉粉…… 1/4茶匙

调味料

A 蚝油 …… 1茶匙
盐……… 1/8茶匙
酒……… 1/2茶匙
B 水淀粉…… 1茶匙

做法

1 牛肉片加入所有腌料拌匀，腌渍约30分钟；姜洗净去皮、切片；葱洗净切段，备用。
2 热锅，加入3大匙油，放入牛肉片，以筷子拨散过油后，捞出沥油，备用。
3 原锅留少许油，放入姜片以小火煸香，再加入葱段煸至表面略焦，续放入牛肉片及所有调味料A，以大火快炒均匀后，以水淀粉勾芡即可。

273 奶油铁板牛肉

材料

沙朗牛肉……… 2片
洋葱……………1/4颗
番茄……………1/4个
蒜头…………… 4颗

调味料

黑胡椒粉……1/2茶匙
奶油………… 1大匙
盐……………1/2茶匙
糖……………1/4茶匙
淀粉…………1/2茶匙

做法

1 将沙朗牛肉切成1厘米立方的小丁，入油锅以中火煎至5分熟备用。
2 洋葱去皮洗净切块、蒜头切片、番茄洗净切块备用。
3 在锅内放入500毫升食用油，将蒜片放入，以小火炸至金黄，依序放入洋葱块、番茄块以小火略炒，再加入调味料（淀粉除外）与牛肉丁，以中火快炒1分钟，加入淀粉勾芡，盛入烧热的铁板中即可。

274 黑胡椒牛柳

材料

牛嫩肩肉片…250克
洋葱……1/2颗
青椒……1/2个
红甜椒……1/2个
蒜头……2颗
奶油……适量

腌料

小苏打……1克
酒……1小匙
酱油……1大匙
糖……1/2小匙
淀粉……1大匙

调味料

粗黑胡椒粉…1/2小匙
酱油……1大匙
A1酱……1小匙
糖……1小匙
盐……1/4小匙
水……5大匙
淀粉……1/2小匙

做法

1 所有材料洗净，牛嫩肩肉片、洋葱、青椒、红甜椒切条；蒜头切片，备用。
2 将牛肉条用所有腌料腌约15分钟后，放入热油锅中过油、捞起备用。
3 另热一锅，加入奶油融化，放入蒜片、洋葱条爆香，放入粗黑胡椒粉炒香后，再加入其余调味料煮开，最后放入牛肉条、青椒条、红椒条拌炒均匀即可。

275 沙茶牛肉

材料

牛肉……300克
芹菜……200克
姜末……20克
蒜末……20克

调味料

沙茶酱……1茶匙
盐……1/2茶匙
糖……1/2茶匙
水……30毫升
淀粉……1/4茶匙

做法

1 将腌过的牛肉片滑油沥干；芹菜削皮切成小段，备用。（腌法见P202）
2 锅中入油烧热，放入姜末、蒜末炒香，放入芹菜段以中火炒2分钟，再放入牛肉片、调味料（淀粉除外），转大火快炒2分钟，最后用淀粉勾芡即可。

276 蚝油芥蓝牛肉

材料

牛肉片……… 150克
芥蓝………… 100克
鲍鱼菇………… 1朵
胡萝卜片……… 10克
姜末…………1/4茶匙
水………… 3大匙

腌料

蛋液………… 2茶匙
盐……………1/4茶匙
酱油…………1/4茶匙
酒……………1/2茶匙
淀粉…………1/2茶匙

调味料

蚝油………… 2茶匙
盐……………… 少许
糖……………1/4茶匙

做法

1 牛肉片中加入所有腌料，以筷子朝同一方向搅拌数十下、拌匀，备用。
2 芥蓝切去硬蒂、摘除老叶后洗净；鲍鱼菇切小块、洗净，备用。
3 煮一锅滚水，加入1茶匙糖（分量外），放入芥蓝汆烫熟后捞出盛入盘底，备用。
4 热锅，加入2大匙色拉油，以中火将牛肉片煎至九分熟后盛出，备用。
5 再次加热原锅，放入鲍鱼菇、胡萝卜片、姜末略炒，再加入水、所有调味料及牛肉片，以大火快炒1分钟至均匀，盛入做法3的盘中即可。

277 茶香牛肉

材料

牛腩………… 700克
桂皮…………… 1块
草果…………… 2粒
花椒…………… 5克
八角…………… 4粒
姜粒…………… 20克
绿茶茶叶……… 30克
水…………1000毫升

调味料

盐…………… 1茶匙
糖…………… 1茶匙
绍兴酒……… 1茶匙

做法

1 牛腩与桂皮、草果、花椒、八角以小火同煮1小时后，取出牛腩切块备用。
2 锅中入油烧热，放入姜粒、牛腩块以小火炒香，再加入水、绿茶茶叶与调味料，以小火续煮约30分钟至烂熟即可。

278 香根牛肉

材料

牛肉…………300克
香菜…………300克
陈皮……………10克

调味料

盐……………1/2茶匙
糖……………1/4茶匙
酱油…………1/2茶匙

做法

1 将牛肉切丝，备用。
2 香菜洗净，去叶留梗，将梗切成小段；陈皮用冷水泡软后切成细丝。
3 把牛肉丝过油沥干备用。
4 先将香菜梗、陈皮丝放入锅中以中火快炒2分钟，再放入牛肉丝，加入调味料以大火拌炒均匀即可。

牛肉腌法DIY

材料：
牛肉500克、水100毫升

调味料：
盐3克、糖3克、酱油3克、小苏打3克、酒10毫升、鸡蛋1个、淀粉12克

做法：
将全部调味料加水混合均匀后，加入牛肉拌匀，静置30~60分钟即可。

备注：牛肉腌法以500克牛肉为基准搭配其他腌料，可依牛肉分量与腌料比例，自行增减腌料分量。如：牛肉300克，盐、酱油为1.2克（因数量很少取1克即可），依此类推。

279 芹菜牛肉

材料

牛沙朗肉片……1盒
芹菜……2根
胡萝卜丝……30克
葱……2根
蒜头……1颗
红辣椒……1个

腌料

酱油……1小匙
米酒……1小匙
蛋清……1小匙
淀粉……1大匙

调味料

糖……1小匙
米酒……1小匙
盐……1/2小匙
水……2大匙
香油……适量

做法

1 牛沙朗肉片切条；芹菜洗净切条；葱洗净切段；蒜头洗净切末；红辣椒洗净切斜片，备用。
2 将牛沙朗肉条加入所有腌料腌约15分钟后，热锅，放入适量色拉油烧热，将牛肉条过油捞起沥油。
3 另热一锅，倒入1大匙油烧热，放入葱段、蒜头爆香，再放入牛沙朗肉条、芹菜条、红辣椒片、胡萝卜丝拌炒，加入香油除外的其余调味料炒匀，起锅前淋上香油即可。

280 芦笋牛肉片

材料

牛肉片……120克
芦笋……60克
红辣椒……20克
黄甜椒……20克
姜……20克
水淀粉……1小匙

腌料

米酒……1/2小匙
酱油……1/2小匙
白胡椒粉……1/2小匙

调味料

盐……1小匙
糖……1/2小匙
米酒……1大匙
香油……1小匙

做法

1 牛肉以所有腌料腌过；芦笋洗净切段；黄甜椒、红辣椒、姜洗净切片，备用。
2 热锅，倒入稍多油，待油温约70℃，放入牛肉片与芦笋段分别过油，取出沥油备用。
3 锅中留少许油，放入红辣椒片、姜片爆香。
4 放入芦笋段、黄甜椒片、牛肉片及所有调味料炒匀即可。

281 圆白菜炒牛肉片

材料

薄牛肉片…… 150克
圆白菜……… 300克
豇豆……………… 1根
蒜末……………… 20克
葱………………… 2根

腌料

米酒………… 1小匙
酱油………… 1小匙
胡椒…………… 适量

调味料

甜面酱………… 18克
豆瓣酱………… 18克
酱油………… 15毫升
米酒………… 15毫升
糖……………… 10克

做法

1 豇豆去头去尾后洗净，放入沸水中汆烫至熟，切适当长段；所有调味料混合均匀，备用。
2 牛肉片切约5厘米长段以腌料拌匀；圆白菜洗净撕成适当大小片状；葱洗净切约4厘米长的段，备用。
3 热锅，倒入适量色拉油，放入蒜末炒香，再加入牛肉片煎成金黄色，再加入调匀的调味料炒匀。
4 加入圆白菜片、葱段拌炒入味，再加入豇豆段拌炒一下即可。

Tips.料理小秘诀

炒牛肉是很普遍的菜色，要好吃也是有秘诀的！需将油锅烧热，放入牛肉片后以大火拌炒，记得动作要快速，六七分熟时放入调味料炒至入味，口感才会软嫩好吃，如果不小心炒太久了，肉片就会老掉，口感会较干涩。

282 干煸牛肉丝

材料

牛肉丝150克、四季豆30克、红辣椒丝少许、蒜末1/4茶匙

腌料

蛋液2茶匙、盐1/4茶匙、酱油1/4茶匙、酒1/2茶匙、淀粉1/2茶匙

调味料

绍兴酒2茶匙、酱油1茶匙、糖1/4茶匙

做法

1 四季豆去蒂洗净、切斜刀段，备用。
2 牛肉丝加入所有腌料，以筷子朝同方向搅拌均匀备用。
3 热锅，加入3大匙色拉油，放入牛肉丝以中小火炒至变色，并分两次加入绍兴酒，炒至表面略焦黄。
4 续放入四季豆及蒜末、红辣椒丝炒匀，起锅前加入酱油与糖，以中火炒约1分钟均匀即可。

283 宫保牛肉

材料

牛肉150克、蒜头3颗、葱1根、干红辣椒10克、花椒1小匙

腌料

盐1/2小匙、胡椒粉1/2小匙、酱油1小匙、米酒1大匙

调味料

A 蚝油1大匙、酱油1小匙、米酒1大匙、水2大匙
B 水淀粉1大匙、香油1小匙、辣椒油1小匙

做法

1 牛肉切片，加入腌料抓匀，腌渍约10分钟过油；蒜头去皮洗净切片；葱洗净切段；干红辣椒切段，备用。
2 热锅，加入适量色拉油，放入蒜片、葱段、干红辣椒段、花椒炒香，再加入牛肉片及所有调味料A快炒均匀。
3 淋入水淀粉勾芡拌匀，起锅前再淋入香油及辣椒油拌匀即可。

284 鱼香牛肉

材料

牛肉片400克、芦笋100克、姜末10克、葱末10克、蒜末10克、红辣椒末8克

调味料

香醋1茶匙、酱油1茶匙、盐1/4茶匙、糖1/2茶匙、水30毫升、淀粉1/2茶匙

做法

1 将腌过的牛肉片过油，芦笋汆烫备用。（腌法见P202）
2 热锅，加入适量色拉油，放入姜末、葱末、蒜末、红辣椒末以中火略炒，倒入调味料（淀粉除外），放进牛肉片、芦笋拌炒均匀，最后以淀粉勾芡即可。

285 蚝油牛肉

* 材料 *

牛臀肉300克、秀珍菇5朵、葱段20克、胡萝卜少许、蒜末1/2茶匙、姜片10克、鸡高汤3大匙（做法见P11）

* 腌料 *

A 蔬菜汁1.5大匙（做法见P10）、小苏打粉1/2茶匙、米酒1/2茶匙、盐1/2茶匙、细砂糖1/4茶匙、白胡椒粉少许、香油少许

B 淀粉1茶匙

* 调味料 *

绍兴酒1/2茶匙、蚝油1.5茶匙、细砂糖1/4茶匙、香油1/2茶匙、水淀粉1茶匙

* 做法 *

1 牛臀肉切成0.3厘米厚的薄片，沥干血水。
2 在牛肉片中加入腌料A的所有材料搅拌数十下，加入淀粉拌匀，静置30分钟备用。
3 秀珍菇洗净切片；胡萝卜去皮洗净切片备用。
4 将牛肉片放入120℃的热油中，过油捞起沥干。
5 锅内留少许油，放入姜片、蒜末、葱段和秀珍菇、胡萝卜略炒。
6 续放入牛肉片及所有调味料（水淀粉先不加入），以大火炒2分钟，加入鸡高汤炒30秒，最后再以水淀粉勾芡即可。

Tips. 料理小秘诀

有时候在家里无论怎么煮，就是无法做出和餐厅一样的味道。这是因为餐厅的炉火又大又猛，大火翻炒几下，肉片快速炒熟且不留汤汁，口感又滑又嫩。

1

2

3

4

5

286 韭黄牛肉丝

材料

牛肉丝200克、韭黄150克、蒜末1/2茶匙、红辣椒1个

腌料

酱油1茶匙、盐1/4茶匙、淀粉1茶匙、水30毫升、米酒1/2茶匙、糖1/2茶匙

调味料

A 盐1/2茶匙、酱油1/4茶匙、糖1/4茶匙、米酒1茶匙

B 水淀粉适量

做法

1 牛肉丝加入所有腌料，静置30分钟；韭黄洗净切段；红辣椒洗交切丝，备用。

2 取锅加入1/4锅油，烧热至约160℃，放入腌好的牛肉丝，搅散后炸至肉变白盛出，将油倒出。

3 重新加热原锅，放入1大匙油、蒜末与红辣椒丝，以小火略炒后转大火，放入韭黄段炒1分钟。

4 续加入炸过的牛肉丝及调味料A，以中火炒30秒，最后加入调味料B勾芡即可。

287 牛蒡牛肉丝

材料

牛蒡………… 200克
牛肉………… 300克
红辣椒…………1/2个

调味料

味醂………… 2茶匙
酱油………… 1茶匙
米酒………… 1茶匙
糖……………1/2茶匙
盐……………1/4茶匙

做法

1 将腌过的牛肉切丝（腌法见P202）；红辣椒洗净切丝备用。

2 牛蒡削皮切成细丝，冲水10分钟备用。

3 将牛肉丝汆烫捞起备用。

4 炒锅中入油烧热，以大火炒牛蒡丝约3分钟，再加入牛肉丝、调味料、红辣椒丝，以大火炒3分钟即可。

288 酸菜牛肉丝

材料

牛霜降火锅片 250克
酸菜………… 100克
葱……………… 1根
姜……………… 3片
红辣椒………… 1个

腌料

葱……………… 2根
姜……………… 2片
米酒………… 1大匙
胡椒粉………… 少许
酱油………… 1大匙
蛋清………… 1小匙
淀粉…………… 少许
水…………… 3小匙

调味料

A 糖 ……… 1小匙
盐…………1/4小匙
水………… 2大匙
B 白醋……… 1小匙
香油………… 适量

做法

1 所有材料洗净切丝，备用。
2 将牛肉丝用所有腌料腌约10分钟后，放入热油锅中过油、沥干备用。
3 另热一锅，倒入1大匙油烧热，放入姜丝、红辣椒丝爆香后，放入酸菜丝和所有调味料A炒匀，再加入牛肉丝炒匀。
4 放入葱丝略炒，起锅前呛白醋，最后淋上香油即可。

289 酸姜牛肉丝

材料

牛肉………… 110克
红辣椒………… 40克
酸姜…………… 15克

调味料

A 淀粉 …… 1茶匙
酱油……… 1茶匙
蛋清……… 1大匙
B 白醋……… 1大匙
细糖……… 2茶匙
水………… 1大匙
水淀粉…… 1茶匙
香油……… 1茶匙

做法

1 将牛肉切丝，加入调味料A拌匀，腌渍约15分钟；红辣椒洗净去籽、切丝；酸姜洗净切丝，备用。
2 热一炒锅，加入2大匙色拉油，加入牛肉丝，以大火快炒至牛肉丝表面变白盛出，备用。
3 再热锅，加入1茶匙色拉油，以小火爆香红辣椒丝、酸姜丝后，加入牛肉丝快炒5秒，接着加入白醋、细糖及水翻炒均匀，再加入水淀粉勾芡，最后淋上香油炒匀即可。

290 香葱肉臊炒牛肉

材料

牛肉………… 200克
四季豆………… 50克
西蓝花……… 180克
圣女果………… 5颗

调味料

香葱肉臊…… 3大匙
盐……………… 少许
白胡椒粉……… 少许

做法

1 将牛肉洗净，再切成小块备用。
2 将四季豆去蒂洗净切斜刀；圣女果洗净对切；西蓝花洗净修成小朵状备用。
3 热锅，加入1大匙色拉油，加入切好的牛肉块以大火爆香。
4 再加入做法2的蔬菜以中火爆香，最后再加入香葱、肉臊和其余调味料翻炒均匀即可。

香葱肉臊

材料：
猪肉泥200克、洋葱1/2颗、蒜头5颗、红葱头5粒、红辣椒1个、葱2根

调味料：
酱油膏2大匙、细砂糖1大匙、酱油1大匙、香油1小匙、辣豆瓣1大匙、水50毫升

做法：
1 洋葱去皮洗净切碎；蒜头、红葱头、红辣椒洗净切片；葱洗净切碎备用。
2 热锅加入1大匙色拉油，加入洋葱碎、蒜头片、红葱头片爆香。
3 再放入猪肉泥炒香后，加入所有调味料煮开后，转小火煮10分钟。
4 最后再撒上红辣椒片和葱碎即可。

291 橙汁牛小排

材料

牛小排……… 200克
橙子…………… 2个

腌料

蛋清………… 1茶匙
米酒………… 1茶匙
酱油………… 1大匙
淀粉………… 1大匙

调味料

A 柠檬汁 … 1大匙
细糖………1.5大匙
盐…………1/8茶匙
水………… 1大匙
B 水淀粉…… 1茶匙
香油……… 1大匙

做法

1 牛小排洗净沥干、切小块，加入腌料拌匀；取1个橙子榨汁，另1个削去果皮，去白膜，取10克外皮切细丝，另取约1/2个去掉白膜切薄片，备用。
2 热锅，加入约100毫升色拉油，烧热至约150℃后，放入牛小排，以大火煎炸约30秒至表面微焦后，取出沥干油，备用。
3 另取一锅，将橙汁、橙皮与调味料A以小火煮开，接着加入水淀粉勾薄芡，再加入牛小排及橙子肉片炒匀，最后淋上香油即可。

292 醋熘牛肉

材料

牛肉丝……… 300克
笋丝…………… 60克
黑木耳丝……… 30克
胡萝卜丝……… 30克
芹菜…………… 30克

调味料

香醋………… 1大匙
酱油………… 1茶匙
糖……………1/2茶匙
水…………… 20毫升
淀粉…………1/2茶匙

做法

1 将笋丝、黑木耳丝、胡萝卜丝、芹菜洗净备用。
2 将牛肉丝迅速过油沥干备用。
3 将做法1全部的配菜入锅以中火炒1分钟至软，倒入调味料（淀粉除外）混匀，再加入淀粉勾芡。
4 加入牛肉丝拌炒均匀即可。

293 豉椒牛肉

材料

牛肉180克、青椒80克、红辣椒末15克、葱1根、姜8克、豆豉10克

腌料

嫩肉粉1/4小匙、淀粉1小匙、酱油1小匙、蛋清1大匙

调味料

A 蚝油1小匙、酱油1小匙、米酒1小匙、细砂糖1/2小匙、水1大匙、淀粉1/2小匙
B 香油1小匙

做法

1 牛肉洗净切片，加入所有腌料，腌渍约20分钟备用。
2 青椒洗净去籽切小块、葱洗净切小段、姜洗净切小片、豆豉洗净切碎，备用。
3 将所有调味料A调匀成兑汁备用。
4 热锅，倒入2大匙色拉油，加入牛肉片以大火快炒，至牛肉表面变白捞出备用。
5 另热锅，倒入1大匙色拉油，小火爆香豆豉、葱段、姜片以及红辣椒末，再加入青椒块和牛肉片，以大火快炒5秒后边炒边将兑汁淋入炒匀，再淋上香油拌炒均匀即可。

294 泡菜炒牛肉

材料

牛肉片……… 150克
市售韩式泡菜… 50克
韭菜……………… 2根
黄豆芽………… 20克
蒜末…………1/2茶匙

腌料

蛋液………… 2茶匙
盐……………1/4茶匙
酱油…………1/4茶匙
酒……………1/2茶匙
淀粉…………1/2茶匙

调味料

米酒………… 1茶匙
酱油………… 1茶匙
糖……………1/2茶匙

做法

1 牛肉片加入所有腌料，以筷子朝同一方向搅拌数十下、拌匀，备用。
2 市售韩式泡菜切段；韭菜洗净切段；黄豆芽摘去根，洗净备用。
3 热锅，放入适量色拉油，以中火将牛肉片煎熟、盛出，备用。
4 原锅热油，放入蒜末爆香，再放入黄豆芽炒1分钟，接着放入市售韩式泡菜炒匀，再加入韭菜段、牛肉片及调味料快炒均匀即可。

295 苦瓜炒牛肉片

* 材料 *

火锅牛肉片…… 100克
山苦瓜………… 1条
蒜头…………… 2颗
熟咸蛋………… 1个

* 调味料 *

糖……………1/2小匙
盐……………1/2小匙
水…………… 1大匙

Tips.料理小秘诀

苦瓜去除白膜再汆烫过，苦味会降低，味道更好吃。

* 做法 *

1 蒜头去皮切片；山苦瓜去子去膜洗净切小段；咸蛋去壳切碎，备用。
2 取一锅加水1000毫升（分量外）煮沸，将山苦瓜段烫熟捞出泡冷水后，沥干备用。
3 取一炒锅，加少许色拉油加热，爆香蒜片，放入牛肉片先炒至八分熟，取出备用。
4 原锅中再加少许色拉油，放入咸蛋碎炒到冒泡后，放入山苦瓜段、火锅牛肉片炒匀，再加入所有调味料后拌匀即可。

296 滑蛋牛肉

* 材料 *

牛肉片100克、鸡蛋3个、葱花1.5茶匙

* 腌料 *

蛋液2茶匙、盐1/4茶匙、酱油1/4茶匙、酒1/2茶匙、淀粉1/2茶匙

* 调味料 *

盐1/2茶匙、胡椒粉1/4茶匙、米酒1/2茶匙、水淀粉1茶匙

* 做法 *

1 牛肉片加入所有腌料，以筷子朝同一方向搅拌数十下、拌匀，备用。
2 热锅，放入2大匙色拉油，以中火将牛肉片煎熟、盛出，备用。
3 将鸡蛋、葱花与所有调味料混合打匀，再加入牛肉片拌匀，备用。
4 原锅再加热后，放入做法3的材料，以中小火用锅铲顺同一方向慢慢推，炒至蛋液半熟关火、盛盘即可。

297 蒜苗炒牛肉泥

* 材料 *

牛肉泥……… 300克
蒜苗………… 100克
红辣椒………… 30克
蒜头…………… 30克
豆豉…………… 30克

* 调味料 *

酱油………… 1大匙
米酒………… 1大匙
香油………… 1小匙
糖…………… 1小匙

* 做法 *

1 蒜苗、红辣椒、蒜头洗净切末；豆豉稍洗净沥干，备用。
2 热锅，倒入适量油，放入做法1的材料爆香。
3 再放入牛肉泥炒至变白，加入所有调味料炒匀即可。

298 彩椒牛肉粒

材料

沙朗牛肉…… 200克
甜豆…………… 4根
红甜椒………… 50克
黄甜椒………… 50克
蒜末…………1/2茶匙

腌料

蛋液………… 2茶匙
盐……………1/4茶匙
酱油…………1/4茶匙
酒……………1/2茶匙
淀粉…………1/2茶匙

调味料

盐……………1/4茶匙
蚝油………… 1茶匙
糖……………1/4茶匙
水淀粉………… 少许

做法

1 牛肉切3厘米丁见方的丁，加入所有腌料，以筷子朝同一方向搅拌数十下、拌匀，备用。
2 甜豆洗净切段；红甜椒、黄甜椒洗净切小方片，备用。
3 热锅，放入1大匙色拉油，以中火将牛肉粒煎熟、盛出，备用。
4 原锅烧热，放入蒜末炒香，再放入甜豆段、红甜椒片、黄甜椒片、盐炒匀，接着放入牛肉粒及蚝油、糖炒1分钟，起锅前加入少许水淀粉拌炒均匀即可。

299 香蒜牛肉粒

材料

牛肉………… 300克
蒜头…………… 5颗

调味料

味醂………… 1大匙
鲣鱼酱油…… 2茶匙
柴鱼素………1/2茶匙
糖…………… 1茶匙

做法

1 将腌过的牛肉切成粒状，滑油沥净取出备用。（腌法见P202）
2 蒜头去皮切片入油锅，炸成金黄色捞起备用。
3 起锅热油，放入牛肉、蒜片与调味料，以小火炒至调味汁收干即可。

Tips.料理小秘诀

在油锅中放入适量食用油，将油温烧至约120℃，将腌过或裹上薄粉酱的肉片放入锅中炒约30秒即捞起，称为“滑油”。

300 番茄咖喱肉片

材料

薄牛肉片…… 150克
芦笋…………… 3支
番茄…………… 1个
蒜头…………… 1颗

腌料

米酒………… 1小匙
酱油………… 1小匙
咖喱粉………1/2小匙
淀粉………… 1小匙

调味料

酱油………… 18毫升
米酒………… 15毫升
糖……………… 6克
盐……………… 少许
咖喱粉………… 5克

做法

1 牛肉片中加入所有腌料，用手抓匀腌渍入味；所有调味料混合均匀，备用。
2 芦笋洗净切成约3厘米长段；番茄洗净切成滚刀块；蒜头去皮切片，备用。
3 热锅，倒入适量色拉油，爆香蒜片，再加入牛肉片炒至变色，盛起备用。
4 原锅再倒入1大匙色拉油烧热后，放入芦笋段、番茄块拌炒均匀，再加入牛肉片与做法1的调味料充分拌炒入味即可。

301 炒牛肉松夹生菜

材料

牛肉泥300克、胡萝卜20克、荸荠80克、芹菜30克、香菇20克、葱20克、姜20克、水淀粉1小匙、生菜叶片适量

调味料

酱油1大匙、鸡精1小匙、米酒1大匙、香油1小匙、糖1小匙、白胡椒粉1小匙

做法

1 胡萝卜、荸荠、芹菜、香菇、葱、姜均洗净切成末；生菜叶片洗净剪成碗大小的圆片状，备用。
2 热锅，倒入适量油，放入香菇末、葱末及姜末爆香。
3 加入牛肉泥炒至变白，再加入胡萝卜、荸荠、芹菜末及所有调味料炒匀，以水淀粉勾芡。
4 将做法3的材料以生菜叶片包起食用即可。

302 牛肉洋葱卷

材料

A 薄牛肉片 200克
洋葱…………1/2颗
蒜末………… 10克
淀粉………… 适量
橄榄油……… 适量
奶油………… 适量
B 洋葱…………1/2颗
香菜………… 少许

调味料

A 盐 ………… 少许
黑胡椒……… 少许
B 米酒……… 15毫升
酱油……… 10毫升
味醂……… 15毫升

做法

1 材料A的洋葱去皮洗净切末，与蒜末、盐、黑胡椒混合成馅料，备用。
2 另取材料B的洋葱洗净切丝，以冷水冲洗去辛辣味，与少许的黑胡椒、橄榄油、盐（分量外）拌匀，备用。
3 薄牛肉片摊平，2片重叠并沾上薄薄的淀粉，其上放入适量做法1的馅料，卷起成圆筒状。
4 取一平底锅，倒入橄榄油烧热后，放入奶油至融化，再放入牛肉卷以中火煎至上色（此时去除锅中多余的油）。
5 调味料B混合均匀后，倒入锅中略煮一下即可取出对切排盘，最后放上洋葱丝及香菜装饰即可。

303 核桃牛肉

* 材料 *

沙朗牛排1块（约200克）、核桃仁100克、面包屑30克、卡士达粉10克、面粉10克、鸡蛋1个

* 调味料 *

盐1/4茶匙、糖少许、草莓果酱1大匙

* 酱料 *

奶油15克、面粉10克、鲜奶油30毫升、盐1/2茶匙、糖1/2茶匙、卡士达粉5克、鸡蛋1个（取蛋黄）、奶水30毫升、草莓果酱1大匙

* 做法 *

1 沙朗牛排用调味料腌10分钟备用。
2 核桃仁用料理机搅碎，倒入材料中的面包屑、面粉、卡士达粉混合均匀。
3 将牛排沾上打散的蛋液，再稍微用力裹上核桃粉末备用。
4 平底锅中热油，放入牛排以小火煎，每面各煎3分钟至熟即可。
5 将酱料中的奶油煮溶，加入面粉拌匀，渐次加入鲜奶油、盐、糖、卡士达粉、蛋黄、奶水待凉后，加入草莓果酱拌匀即成蘸酱，搭配煎熟的牛排食用即可。

304 雪花牛肉

材料

牛肉………… 200克
鸡蛋…………… 5个

调味料

玉米粉……… 1茶匙
盐……………1/2茶匙

做法

1 将腌过的牛肉切成细丝备用。(腌法见P202)
2 把蛋分成蛋清与蛋黄，将蛋清打成泡，撒上玉米粉轻轻拌匀备用；蛋黄打散备用。
3 在锅内放入适量食用油，加热至油温约180℃(油面没有声响，以竹筷试可见急促的小气泡冒出)，将打散的蛋黄慢慢倒入锅中，边倒边搅拌锅中的蛋黄，直至蛋黄炸至酥化近褐色即为蛋酥，捞起沥干备用。
4 平底锅上放入少许食用油，开小火，将牛肉丝、盐、蛋泡轻轻搅拌混合，倒入锅中以顺时针方向慢慢搅动约3分钟至熟，最后撒上蛋酥即可。

305 酱爆牛舌

材料

牛舌……………1/2条
小黄瓜………… 1条
红辣椒………… 1个
蒜头…………… 3颗

调味料

甜面酱……… 2茶匙
酱油………… 1茶匙
糖……………1/2茶匙
酒……………… 少许

做法

1 将牛舌放入锅中，加入淹过食材表面的水，以小火煮1小时捞出，剥去外皮切丁，过油30秒取出备用。
2 小黄瓜洗净切丁、红辣椒洗净切片、蒜头洗净切末备用。
3 炒锅中热油将蒜末爆香，放入甜面酱、酒以小火炒1分钟，再放入牛舌、酱油、糖，以小火炒1分钟，最后放入小黄瓜丁、红辣椒片转大火炒2分钟即可。

306 香油牛腰

材料

牛腰………… 400克
花椒………… 100克
胡香油……… 1茶匙
嫩姜丝……… 200克

调味料

盐…………… 1茶匙
米酒……… 100毫升

做法

1 将牛腰切花，放入锅中浸水，让水流动1小时，取出备用。
2 花椒浸泡在滚沸水中，待凉即为花椒水。
3 将牛腰放入花椒水中浸泡1小时去腥备用。
4 炒锅中放入胡香油、嫩姜丝爆香，放入牛腰以大火炒2分钟，加入调味料转中火炒3分钟即可。

307 姜丝炒牛心

材料

牛心………… 300克
嫩姜………… 80克

调味料

醋精………… 1茶匙
盐…………1/4匙
糖………… 少许

做法

1 将牛心切片腌过汆烫约10秒，捞起备用。
2 炒锅热少许油，放入切丝的嫩姜以大火爆炒2分钟，加入牛心与所有调味料，再以大火炒1分钟至熟即可。

牛心腌法DIY

材料：
牛心切片…500克

调味料：
盐………… 5克
糖………… 3克
小苏打……… 4克
淀粉……… 15克
胡椒粉…… 少许
香油……… 少许
鸡蛋（取蛋清）1个
高粱酒… 10毫升

做法：
将所有调味料混合，再放入牛心切片拌匀，腌30分钟即可。

*可依牛心与腌料的比例自行增减腌料数量。如牛心切片300克，盐为3克、糖为1.2克，依此类推。

308 罗勒炒牛心

材料

牛心………… 300克
罗勒………… 50克
红辣椒………… 1个
蒜末………… 少许

调味料

酱油………… 1茶匙
糖………… 1茶匙
味精…………1/4茶匙
米酒………… 2茶匙

做法

1 将牛心切片腌过汆烫，取出过油备用。（牛心腌法见P219）
2 炒锅中入油烧热，放入红辣椒、蒜末爆香，再加入牛心以大火炒3分钟，然后加入调味料、罗勒以大火快炒2分钟即可。

309 沙茶金钱肚

材料

金钱肚……… 300克
青椒……………1/2个
红甜椒…………1/2个
八角…………… 3粒
花椒…………… 5克
葱……………… 2根
姜……………… 1块

调味料

沙茶酱……… 2茶匙
鲜味露………1/4茶匙
水…………… 20毫升
淀粉…………1/2茶匙

做法

1 金钱肚汆烫洗净。
2 将金钱肚、八角、花椒、葱、姜一同放入炒锅中干蒸1小时，取出金钱肚切成条状备用。
3 青椒、红甜椒洗净切条备用。
4 炒锅入油烧热，将青椒、红甜椒放入锅中以中火炒1分钟，放入金钱肚、调味料（淀粉除外）以小火炒3分钟，最后用淀粉勾芡即可。

310 银芽脆肚

材料

牛百叶……… 300克
银芽………… 100克
韭黄…………… 30克
红辣椒…………1/2个
姜末…………… 少许
蒜末…………… 少许

调味料

盐……………1/4茶匙
糖……………… 少许
淀粉…………1/4茶匙

做法

1 将牛百叶切成小条汆烫洗净，红辣椒洗净切丝备用。
2 锅中入油烧热，放进姜末、蒜末、红椒丝，再加入牛百叶以中火略炒1分钟。
3 放入银芽、韭黄、调味料（淀粉除外），以中火炒1分钟，再加入淀粉勾芡即可。

Tips.料理小秘诀

绿豆芽掐去头尾，取中间脆嫩、无豆腥味的部分，即为银芽。

311 香煎牛肝酱

材料

牛肝………… 400克
蒜头…………… 50克
姜片…………… 50克
玛琪琳………… 50克

调味料

香蒜粉………… 5克
茴香粉………… 5克
盐…………… 1茶匙
黑胡椒粉……1/4茶匙
淀粉………… 1大匙
绍兴酒……… 20毫升

做法

1 将牛肝切成小块，放入锅中浸水，让水流动1小时，取出备用。
2 起油锅，放入姜片、拍碎的蒜头和牛肝，以小火炒10分钟，起锅沥干。
3 将炒过的牛肝和所有调味料放入调理机绞成泥，再加入玛琪琳混合均匀，倒入模具置入冰箱下层冷藏。
4 要食用时，以平底锅用小火将其煎成金黄色即可。

312 酥扬薄肉片

* 材料 *

薄牛肉片…… 100克
低筋面粉……… 适量
金橘…………… 适量

* 腌料 *

酱油………… 1大匙
米酒…………1/2大匙
味醂…………1/2大匙
姜泥…………1/2小匙
盐………………… 适量
胡椒粉………… 适量

* 做法 *

1 薄牛肉片切成5厘米长，备用。
2 将所有腌料混合均匀备用。
3 将薄牛肉片以做法2的腌料腌渍约15分钟后，沥干备用。
4 将腌好的薄牛肉片均匀地沾上低筋面粉。
5 热锅，倒入适量色拉油烧热至约180℃，将薄牛肉片放入锅中以涮的方式炸至酥脆状，捞起沥油。
6 将炸好的薄牛肉片盛盘，再以金橘装饰即可。

Tips.料理小秘诀

为了吃出原味，牛肉多半不会炸太久，而是经过一道类似炸的“滑油”手续，尤其是薄片类的食材。在油锅中放入适量食用油，将油温烧至约120℃，将腌过或裹上薄粉酱的肉片放入锅中约30秒到起油烟后捞起，称为滑油。目的与过油相同，可让食材表面形成薄膜，借此保持原味并维持完整的形状，让口感更为嫩滑，两者的主要区别是滑油的食材通常预先腌过。

313 卤牛腱

* 材料 *

牛腱2块、葱3根、姜20克

* 卤包 *

草果2颗、八角10克、桂皮8克、丁香5克、花椒5克、小茴3克、白蔻3克

* 调味料 *

水1000毫升、酱油300毫升、细砂糖150克、米酒100毫升

* 做法 *

1 将草果拍破后和其余卤包材料一起放入棉布袋中包成卤包；葱和姜洗净拍松；牛腱入滚水（分量外）氽烫约3分钟后，洗净沥干备用。

2 锅烧热，倒入约4大匙色拉油，放入葱、姜以中火爆香，加入所有调味料及卤包，开中火煮至滚沸。

3 加入牛腱，再度煮开后转小火保持微滚，盖上锅盖续煮约50分钟，再打开锅盖以小火持续煮滚，并不时翻动牛腱使其受热均匀。

4 最后将牛腱煮至汤汁蒸发收干至浓稠状，食用前切片即可。

Tips.料理小秘诀

切肉时一定要彻底放凉后再切，否则热热的切会不平整，美观度也会大打折扣。

1

2

3

4

5

314 麻辣牛肉

材料

牛火锅肉片…… 1盒
小黄瓜………… 1条
葱……………… 2根
姜……………… 少许
米酒…………… 适量
八角…………… 1粒
香菜…………… 1根
红辣椒………… 1个

调味料

糖……………1/2小匙
盐……………1/2小匙
香油………… 1大匙
辣椒油………1.5大匙
花椒粉………… 少许

做法

1 取一锅，煮半锅水至滚，放入1根葱、姜、米酒、八角煮5分钟，然后捞除葱、姜、八角。
2 牛肉片洗去血水，放入做法1的锅中烫熟，捞出沥干水分备用。
3 将剩余的1根葱洗净切成葱花；香菜洗净切碎、红辣椒洗净切末；小黄瓜洗净切丝盛盘备用。
4 取一碗，放入牛肉片与所有调味料拌匀，再加入葱花、香菜碎、红辣椒末拌匀，放在小黄瓜丝上即可。

315 卤牛肚

材料

牛肚…………… 1个
葱……………… 2根
姜………………20克
水…………4000毫升
花椒…………… 5克
八角…………… 5克
冰镇卤汁…4000毫升
（做法见P285）

调味料

米酒……… 100毫升
香油………… 1大匙

做法

1 牛肚以流动的清水冲洗干净；葱洗净、切段；姜洗净、去皮、切片备用。
2 取一深锅，加入水、葱段、姜片、花椒、八角和米酒以大火煮至滚沸，放入牛肚以小火煮约1小时，捞出牛肚再次冲洗干净。
3 冰镇卤汁倒入另一锅中，以大火煮至滚沸时，放入牛肚以小火续滚约30分钟，熄火加盖浸泡约30分钟。
4 捞出牛肚，均匀刷上薄薄一层香油，放凉后放入保鲜盒中盖好，放入冰箱冷藏至冰凉，食用前切片即可。

316 水煮牛肉

材料

火锅牛肉片250克、生菜心1根、蒜苗1根、干辣椒4个、花椒粒1/2茶匙
水250毫升、蒜末适量、姜末适量

腌料

酱油1茶匙、米酒1茶匙、糖1/4茶匙、盐1/8茶匙、淀粉1.5茶匙

调味料

辣豆瓣酱1大匙、酱油1茶匙、糖1/2茶匙

做法

1 牛肉片加入所有腌料拌匀，备用。
2 生菜心去皮洗净、切片；蒜苗洗净切片；干辣椒泡水、剪段，备用。
3 热锅，加入适量色拉油，放入生菜心片及1/4茶匙盐（分量外），以小火炒约2分钟，盛盘备用。
4 锅洗净，加入1大匙油，放入干辣椒段及花椒粒，以小火炒约1分钟，再捞出放凉、压碎，备用。
5 原锅放入辣豆瓣酱、蒜末、姜末，以小火炒约1分钟，加入250毫升水及酱油、糖，待滚后转小火，使汤保持微滚状，逐片放入牛肉片，涮至牛肉片变白后熄火。
6 连汤盛入做法3的盘中，再撒上辣椒碎及花椒碎，最后另烧热1大匙油（分量外）淋在上方，放入蒜苗片即可。

1

2

3

4

5

317 辣味牛肉煮

材料

薄牛肉片…… 150克
干辣椒………… 适量
洋葱…………… 1颗
魔芋块……… 150克
七味粉………… 适量
黑芝麻………… 适量

酱汁

米酒………… 60毫升
酱油………… 40毫升
味醂………… 30毫升
细砂糖………… 10克

做法

1 干辣椒泡水；酱汁的所有材料混合调匀备用。
2 魔芋块放入滚沸水中略汆烫约3分钟，捞起切条状；洋葱洗净沥干切粗条状备用。
3 取锅，加入适量油烧热，放入薄牛肉片略炒至变色，捞起备用。
4 锅中加入干辣椒略拌炒，续加入魔芋条和洋葱条拌炒，倒入做法1的酱汁充分拌炒均匀，再加入薄牛肉片略炒盛盘，并撒入七味粉和黑芝麻即可。

备注：此道料理亦可作为盖饭。

318 葱烧牛肉

材料

熟牛腱…………1/2个
葱……………… 60克
莲藕………… 100克
牛高汤……1000毫升
（做法见P231）
水淀粉……… 1大匙

调味料

豆瓣酱……… 1大匙
绍兴酒……… 2大匙
细砂糖……… 1茶匙
盐……………1/2茶匙

做法

1 把熟牛腱切成适当大小的块状；葱洗净切10厘米的长段；莲藕洗净去皮洗净切块，备用。
2 取锅，加入1大匙色拉油烧热，再放入葱段以小火慢炒至金黄色，捞出一半备用，剩下的再加入豆瓣酱和熟牛腱肉一起以大火炒约3分钟。
3 加入牛高汤、绍兴酒与细砂糖，煮滚后转小火煮约20分钟，加入莲藕块和盐，再煮约15分钟后放入做法2捞出的另一半葱段，以水淀粉勾芡即可。

319 红烧牛肉

材料

牛腱心………… 2个
姜末………… 1茶匙
红葱末……… 1茶匙
蒜末…………1/2茶匙
上海青………… 80克
水………… 500毫升

调味料

A 豆瓣酱 … 1茶匙
米酒……… 1大匙
B 蚝油……… 2茶匙
糖………… 2茶匙
盐…………1/4茶匙

做法

1 牛腱心放入滚水中，以小火氽烫约10分钟后捞出，冲凉剖开再切2厘米厚的块状，备用。
2 热锅，加入2大匙色拉油，放入姜末、红葱末、蒜末以小火炒香，再加入豆瓣酱、米酒、牛肉，以中火炒约3分钟，接着加入水以小火煮约15分钟，再加入调味料B拌匀，加盖煮10分钟烧煮入味。
3 上海青洗净、对剖去头尾，放入滚水中氽烫后捞起盛盘围边，中间再放入做法2的牛肉即可。

Tips.料理小秘诀

炒牛肉时不能将水与调味料一起入锅，要先将豆瓣酱、米酒与牛肉炒入味之后，才能再加入水烧煮，这样煮好才会有香气散出，同时肉会更入味好吃。

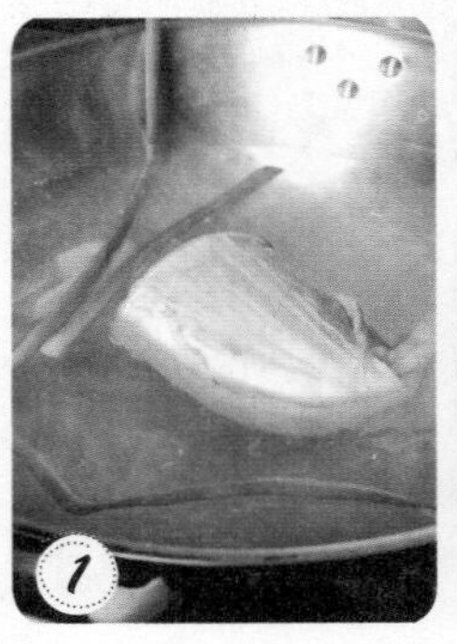

320 蒜仁烧牛腱

材料

熟牛腱………… 1个
蒜头………… 100克
牛高汤……1000毫升
（做法见P231）
水淀粉……… 1茶匙
上海青………… 适量

调味料

绍兴酒……… 2大匙
细砂糖……… 1大匙
酱油………… 1大匙
盐……………1/2茶匙

做法

1 将熟牛腱切成适当大小，取一锅，以中火温油放入蒜仁，转小火炸至蒜头呈金黄色捞出沥油；上海青洗净放入滚水中汆烫至熟，捞起摆盘，备用。
2 取锅烧热后，加入1茶匙色拉油，放入蒜仁以小火慢炒约1分钟，再加入牛腱块一起炒约3分钟。
3 加入牛高汤、绍兴酒、细砂糖与酱油，转小火煮约20分钟，最后加盐再煮约15分钟，煮到汤汁略收干，起锅前以水淀粉勾芡。
4 将做法3成品放在上海青上摆盘即可。

321 日式南瓜炖牛肉

材料

牛腩………… 200克
秋葵……………20克
南瓜块……… 100克
月桂叶………… 1片

调味料

味醂………… 200毫升
日式香菇酱油… 3大匙
水………… 1000毫升

做法

1 牛腩放入滚水中汆烫去血水，捞起冲洗放凉，切块备用。
2 秋葵放入滚水中汆烫至熟，捞起切斜段备用。
3 取炖锅，放入牛腩块、南瓜块、月桂叶和调味料，以小火炖煮约1小时至牛腩软化，再加入秋葵段即可。

322 红酒炖牛肉

材料

牛肋条……… 600克
胡萝卜……… 300克
苹果…………… 2个
蘑菇………… 200克
西蓝花……… 200克
奶油………… 2大匙
蒜末…………… 15克
洋葱末………… 15克
牛高汤……2000毫升

调味料

A 红酒 … 200毫升
　褐酱……… 2大匙
　（市售罐头）
　月桂叶……… 2片
　百里香粉… 1小匙
　俄力冈粉… 1小匙
B 奶油………… 30克
　面粉………… 30克
C 盐 ………… 少许

做法

1 胡萝卜洗净切块；苹果去蒂洗净切块泡盐水；蘑菇洗净切半烫熟；西蓝花剥小颗洗净烫熟；牛肋条汆烫后冷却切小块备用。
2 热锅加入奶油融化后，放入蒜末、洋葱末爆香。
3 加入胡萝卜块、苹果块一起拌炒，再加入牛肋条拌炒。
4 依序放入红酒、牛高汤，再加入褐酱调色。
5 再放入月桂叶、 百里香粉、俄力冈粉，并以小火炖煮1.5小时后，加入蘑菇和西蓝花。
6 另起一锅，加热融化调味料B中的奶油后，再加入面粉炒匀成面糊，倒入做法5的炖锅内勾芡，最后加盐调味即可。

牛高汤

材料：
牛骨1800克、清水6000毫升、胡萝卜600克、洋葱600克、老姜100克

做法：
1 牛骨汆烫洗净备用。
2 胡萝卜、洋葱去皮洗净切小块备用。
3 老姜洗净拍碎备用。
4 取一高汤锅（约10升），倒入清水、做法1、2、3的材料，先以大火将水煮至滚开。
5 再转小火让高汤微微滚动，并继续熬煮约4小时后，过滤出汤汁即成牛高汤。

323 番茄豆瓣烧牛肉

＊材料＊

牛腩600克、番茄3个、洋葱1颗、大白菜1/2颗、蒜末1小匙、姜末1小匙、水2000毫升、干山楂6克、水淀粉2大匙

＊调味料＊

豆瓣酱2大匙、细砂糖3大匙、绍兴酒1大匙、盐1小匙

＊做法＊

1 先将牛腩切成约6厘米×3厘米的长方块，用大火将牛腩块放入滚水中汆烫约2分钟，捞出冲水至凉并沥干，备用。
2 番茄、洋葱洗净切块；大白菜洗净切段，备用。
3 取一炒锅，烧热后放入1大匙色拉油炒香姜末、蒜末，再放入豆瓣酱以微火炒约30秒钟，放入牛腩块再炒约3分钟。
4 加水2000毫升，待滚后转小火，放入干山楂，再放入做法2中1/2的番茄块和1/2的洋葱块，加入细砂糖和绍兴酒以小火煮约30分钟。
5 再加入其余的洋葱块、番茄块与盐，煮约15分钟后以水淀粉勾芡。
6 把做法2的大白菜段放入加少许盐与色拉油的锅中汆烫至熟，捞出沥干后放盘底，再把做法5的材料盛上即可。

Tips.料理小秘诀

利用“酱”和“糖”调出酱汁，然后煮至汤汁略为收干，有些料理还会加上水淀粉勾芡，让汤汁更浓稠。因为汤汁带芡，且经过久煮入味，口味会非常浓郁下饭。糖是香浓滋味的主要元素，因为糖在长时间烧煮后会产生一股焦香的味道，让料理的风味更丰富。而糖大致可分为砂糖跟果糖两大类，而红烧则建议使用砂糖，才会有焦糖香味，至于要选择白砂糖还是红砂糖，则没有特别的限定。

324 啤酒炖牛肉

材料

牛肋条250克、芹菜1根、洋葱1颗、胡萝卜1根、芦笋段2根、蘑菇片30克、啤酒1000毫升、牛高汤500毫升（做法见P231）

调味料

盐适量、胡椒粉少许

做法

1 牛肋条洗净切块、芹菜洗净切段、胡萝卜洗净去皮切块、洋葱洗净去皮切块，一起放入大碗中，倒入啤酒，放入冰箱冷藏腌渍一晚，备用。
2 取出大碗，以滤网过滤出啤酒，将牛肋条块和其余蔬菜分开，备用。
3 另取一锅倒入做法2的啤酒，将啤酒熬煮浓缩至一半，备用。
4 将牛肋条沾上一层薄薄的低筋面粉（分量外）；热锅，放入少许奶油（分量外）加热至奶油融化，加入牛肋条块煎至上色，取出备用。
5 另热一锅，加入少许奶油（分量外）加热至奶油融化，放入做法2所有蔬菜块，炒香后倒入做法3啤酒，加入牛肋条块、牛高汤、蘑菇片和芦笋段，以小火炖煮约50分钟至牛肋条软烂，加入调味料拌匀即可。

325 咖喱烧牛肉

材料

牛腱1个、土豆300克、洋葱1/4颗、蒜末1小匙、虾米10克、香茅20克、柠檬1颗、椰奶80毫升、牛高汤800毫升（做法见P231）、水淀粉1小匙

调味料

黄咖喱粉2大匙、盐1/2小匙、细砂糖1/2小匙

做法

1 整块牛腱放入滚水中汆烫，待水再度滚沸后转小火煮约40分钟即熄火，再盖锅盖闷约20分钟，即可捞出牛腱待凉。
2 将熟牛腱切厚片；土豆去皮洗净切块；洋葱去皮洗净切片；柠檬榨汁；香茅洗净切段拍碎；虾米泡软切碎，备用。
3 取一锅烧热，加1.5大匙色拉油，炒香洋葱片、蒜末、虾米碎，加入黄咖喱粉以小火炒约1分钟，再加入熟牛腱肉炒约2分钟。
4 加入牛高汤煮滚后转小火，放入香茅碎、柠檬汁及其他调味料以小火煮约20分钟，加入土豆块续煮约15分钟，再加入椰奶，起锅前以水淀粉勾芡即可。

326 家常炖牛肉

材料

牛腩………… 500克
胡萝卜………… 50克
土豆………… 100克
姜……………… 3片
葱……………… 1根
八角…………… 4粒
水…………3000毫升

调味料

酱油………… 3大匙
细砂糖……… 1大匙
米酒………… 2大匙

做法

1 将牛腩切块，取一滚锅将牛腩块入滚锅中汆烫至熟，捞出后以冷水洗净备用。
2 土豆、胡萝卜分别洗净后，去皮切块；葱洗净切段，备用。
3 取一锅，放入做法1、2的材料及其余材料、所有调味料，以小火炖煮约2小时至入味且牛腩熟透即可。

327 酸奶炖牛肉

材料

牛腩300克、水600毫升、红洋葱1/2颗、黄节瓜1条、绿节瓜1条、红甜椒1/2个、牛高汤1500毫升（做法见P231）

调味料

酸奶3大匙、鸡精1小匙

做法

1 牛腩先汆烫熟后冷却，切块放入汤锅中，加水盖满牛腩块，以大火煮至水滚，转小火煮约2小时，再捞出牛腩块备用。
2 红洋葱洗净切片；黄、绿节瓜洗净切滚刀块；红甜椒洗净切块状备用。
3 起一锅加入少许色拉油，待油热后放入红洋葱片、黄节瓜、绿节瓜、红甜椒块炒香，取出备用。
4 锅中加入牛腩块，再倒入牛高汤，等煮开后加入酸奶，再以小火炖煮约30分钟，
5 最后加入做法3的材料，以小火煮约10分钟，再以鸡精调味即可。

328 果汁烧牛腩

材料

牛腩600克、菠萝80克、苹果1个、洋葱150克、胡萝卜80克、橙汁100毫升、牛高汤800毫升（做法见P231）、水淀粉2大匙

调味料

白醋2大匙、细砂糖2大匙、番茄酱1茶匙、盐1大匙

做法

1 整块牛腩放入滚水中汆烫（水量以淹过牛腩约4厘米），待水滚后转小火煮约40分钟即熄火，加锅盖闷约20分钟，即可捞出牛腩放凉。
2 把牛腩切成约3厘米×6厘米的大块；胡萝卜洗净切滚刀块；洋葱去皮洗净切片；菠萝洗净切厚片；苹果切小片，备用。
3 取一炒锅，烧热后加1大匙色拉油，放入洋葱片炒香，加入牛腩块炒约2分钟。
4 加入牛高汤、苹果片、菠萝片、橙汁、胡萝卜块与细砂糖，待滚后转小火加入白醋以小火，煮约30分钟。
5 加入番茄酱和盐续煮约10分钟，最后以水淀粉勾芡即可。

329 清炖牛腩

材料

牛肋条300克、白萝卜100克、姜30克、葱10克、花椒1茶匙、白胡椒粒1/2茶匙、水700毫升

调味料

盐1茶匙、米酒1大匙

做法

1 牛肋条切5厘米长的段，放入滚水中汆烫、捞出洗净，备用。
2 白萝卜去皮、切滚刀块，放入滚水中汆烫、捞出，备用。
3 姜洗净切片；葱洗净切段；白胡椒粒用菜刀压破，和花椒一起装入卤包袋中，备用。
4 取一汤锅，加入做法1、2、3的所有材料，再加700毫升水以小火熬煮1小时，续加入所有调味料煮15分钟，起锅前捞除卤包袋、姜片、葱段即可（盛碗后可另加入香菜搭配）。

Tips.料理小秘诀

煮汤的肉类先放入滚水中汆烫一下，再以冷水冲洗干净，一方面烫去血水及杂质，再者可让肉的表面紧缩，才能耐于久煮。需要注意的是，汆烫过后的水因含有生肉的血水及杂质，对人体健康不太好，所以别为了想省时间而直接拿来炖煮汤头，一定要全部倒掉，不能重复使用！

330 沙茶粉丝牛肉煲

材料

牛肉片……300克
粉条………100克
水………100毫升

调味料

沙茶酱………1大匙
盐……………1/4茶匙
糖………………少许
淀粉…………1/2茶匙

做法

1 将腌过的牛肉片过油备用。（腌法见P202）
2 粉条用冷水泡软备用。
3 将调味料（淀粉除外）及水倒入锅中混合，再放入粉条、牛肉片，最后以淀粉勾芡即可。

331 柱侯牛腩煲

材料

煮熟牛腩块…600克
白萝卜………300克
老姜……………20克
蒜头……………5颗
红辣椒…………1个
牛高汤……1000毫升
（做法见P231）

调味料

A 柱侯酱……2大匙
米酒………1大匙
B 蚝油………1小匙
酱油………1小匙
糖…………1小匙
盐…………1/2小匙
酒…………1大匙
C 淀粉……1大匙
水…………2大匙

做法

1 白萝卜洗净切滚刀块；老姜洗净切片；蒜头去皮洗净切片；红辣椒洗净切片；调味料C调匀成水淀粉备用。
2 起一锅加入少许色拉油，待油热后放入姜片、红辣椒片爆香，等姜片成焦黄色后，再放入蒜片、调味料A爆香。
3 放入煮熟的牛腩块及白萝卜块拌炒均匀后，再倒入牛高汤、调味料B，待牛高汤煮开后再盛入砂锅内。
4 将砂锅移至炉上，盖紧锅盖，以小火煮约30分钟。
5 煮至汤汁呈浓稠状后，淋上水淀粉勾芡即可。

332 和风味噌炖牛肉

材料

A 芜菁 ………… 200克
　小胡萝卜……… 200克
　小洋葱………… 200克
B 牛高汤…… 1500毫升
　（做法见P231）
C 煮熟牛腱块 … 400克

调味料

味噌………… 2大匙
糖…………… 1小匙

做法

1 芜菁去皮切块；小胡萝卜洗净、小洋葱剥皮洗净备用。
2 取一汤锅放入牛高汤后，再放入煮熟牛腱块以小火煮约20分钟。
3 放入芜菁块、小胡萝卜、小洋葱和所有调味料一起继续煮约20分钟即可。

333 德式炖牛肉

材料

牛肩肉1000克、胡萝卜100克、洋葱1颗、红酒400毫升、红酒醋200毫升、杜松子30克、丁香适量、月桂叶2片、奶油25克、牛高汤250毫升（做法见P231）、水淀粉少许

调味料

细砂糖适量

做法

1 牛肩肉洗净切块、胡萝卜洗净去皮切块、洋葱洗净去皮切块，一起放入大碗中，加入月桂叶、杜松子、丁香、红酒以及红酒醋，浸泡腌渍约4小时，备用。
2 取出大碗，以滤网过滤出汤汁，将牛肩肉块和其余蔬菜分开，备用。
3 取一锅，倒入汤汁，将汤汁熬煮浓缩至一半，备用。
4 将牛肩肉块沾上一层薄薄的低筋面粉（分量外）；热锅，放入少许奶油（分量外）加热至奶油融化，加入牛肩肉块煎至上色，取出备用。
5 另热锅，加入材料中的奶油和所有蔬菜块，炒香后倒入做法3的汤汁、牛高汤以及牛肩肉块，以小火炖煮约40分钟至软烂，加入细砂糖和少许水淀粉拌匀即可。

334 香油牛肉丸

* 材料 *

牛肉………… 500克
马蹄………… 100克
香油………… 20毫升
嫩姜丝………… 50克
香菜末……… 100克

* 调味料 *

A
盐……………1/2茶匙
味精…………1/2茶匙
糖……………1/4茶匙
酒…………… 1茶匙
淀粉………… 1茶匙
水………… 20毫升
B
酒…………… 10毫升
酱油………… 1茶匙
糖……………1/4茶匙
水…………… 20毫升

* 做法 *

1 将牛肉绞泥、马蹄绞碎，加入调味料A拌匀，摔打6分钟成粘稠状。
2 将做法1的材料用手挤成丸状，放入油温约120℃的油锅以小火炸10分钟捞起备用。
3 炒锅中加入香油、嫩姜丝炒香，再加入调味料B、丸子，以小火煮3分钟，最后放入香菜末以小火继续烧30秒即可。

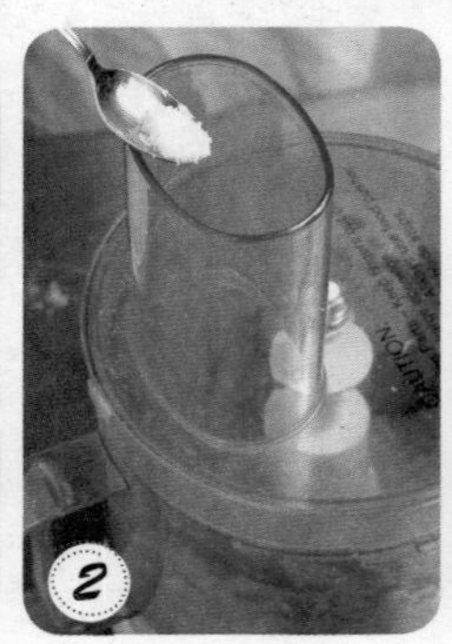

335 陈皮牛肉丸

材料

牛肉泥……… 150克
陈皮…………… 20克
荸荠…………… 60克
肥油…………… 40克
葱……………… 30克
姜……………… 30克
芹菜叶………… 适量

调味料

酱油………… 1小匙
米酒………… 1小匙
香油………… 1小匙
淀粉………… 1小匙
白胡椒粉…… 1小匙

做法

1 陈皮、荸荠、葱、姜洗净切碎备用。
2 将牛肉泥与做法1材料、肥油及所有调味料混合均匀，捏成丸子状备用。
3 将肉丸子放入蒸锅中蒸约12分钟，取出撒上切碎的芹菜叶即可。

Tips.料理小秘诀

牛肉泥因为脂肪较少，所以口感较干涩，在肉泥中加入些肥油（猪皮下的脂肪）一起拌匀，可以增加滑顺的口感，如果不喜欢过油或为健康考虑，也可以减少分量或不添加。

336 麻辣牛杂锅

材料

牛筋………… 500克
牛肚………… 400克
豆干…………… 10片
姜末…………… 40克
蒜末…………… 40克
花椒…………… 5克
水…………1000毫升

调味料

辣椒酱……… 4大匙
细砂糖……… 2大匙
米酒………… 50毫升

做法

1 牛筋及牛肚放入沸水，以中火烫煮约1小时，捞出洗净冲凉后切小块备用。
2 豆干洗净切方块备用。
3 取锅烧热后倒入2大匙色拉油，放入姜末、蒜末及辣椒酱以小火炒约1分钟至散发出香味，再加入牛筋块、牛肚块及米酒继续炒约1分钟。
4 盛入汤锅中，加入豆干块、水、细砂糖及花椒以大火煮开，改微火加盖继续煮约90分钟，再关火焖约1小时即可。

337 红烧牛尾

材料

牛尾1条、番茄1/2颗、橙子2个、苹果1个、姜1块、葱3根

调味料

盐1茶匙、糖3茶匙、白醋2茶匙、红酒50毫升

做法

1 先用中火烧牛尾，烧时不断转动，烧5~10分钟至表面有些许黄褐色，以流动的水冲洗，同时用钢刷刷净表面。
2 将牛尾切段，加上姜、葱（不用切，用来去味）以小火水煮90分钟备用。
3 将番茄、橙子去皮，苹果去核，一起放入料理机中打成泥。
4 将牛尾、水果泥与盐、糖、白醋混拌均匀，以小火同煮1小时，再加入红酒继续煮40分钟即可。

338 豆瓣牛筋

材料

牛筋………… 500克
八角…………… 5粒
花椒…………… 5克
桂皮……………50克
草果…………… 3粒
葱……………… 2根
姜……………… 1块

调味料

辣豆瓣酱…… 1大匙
盐…………1/2茶匙
糖…………1/2茶匙
绍兴酒……… 20毫升

做法

1 牛筋汆烫洗净备用。
2 将牛筋、八角、花椒、桂皮、草果、姜、葱放入锅中，加入刚好淹过牛筋的水量，以中火蒸3小时，再将牛筋以外的材料全部捞除。
3 将调味料加进锅中，移至炉上以中火煮到汤汁略收干即可。

339 韩式辣炖牛筋

材料

葱………… 120克
土豆………… 250克
煮软牛筋…… 400克
牛高汤……2000毫升
（做法见P231）

调味料

韩国辣椒酱… 2大匙
韩国豆瓣酱… 2大匙
细砂糖……… 1茶匙
盐……………… 少许

做法

1 葱洗净切段；土豆去皮切块；煮软牛筋切块备用。
2 起锅加入少许色拉油，油热后放入葱爆香，再放入土豆一起拌炒。
3 放入韩国辣椒酱、韩国豆瓣酱炒香后，继续加入牛筋块拌炒。
4 锅中加入牛高汤，以小火煮约30分钟，再加入细砂糖、盐调味后继续煮至收汁即可。

340 水晶牛肉

材料

A 牛肉……500克
猪皮………300克
香菜…………2根
B 琼脂粉………50克
桂皮…………30克
花椒…………7克
八角…………5粒
葱……………50克
姜…………100克
水………1500毫升

调味料

盐……………2茶匙
绍兴酒………50毫升
糖………………少许

蘸料

蒜泥…………1茶匙
红辣末………1茶匙
香醋…………1大匙
酱油…………1茶匙
盐…………1/4茶匙
糖…………1/2茶匙

做法

1 将牛肉、猪皮汆烫洗净，加入材料B及调味料，放入蒸笼以小火炖3小时，取出放凉，再放入冰箱冷冻成形即成肉冻。
2 将蘸料混合均匀即为蘸酱。
3 取出肉冻切成块，再撒上香菜，搭配蘸酱享用即可。

341 酒浸牛肉

材料

牛腱500克、葱2根、姜30克

调味料

A 鸡高汤400毫升（做法见P11）、花椒3克、丁香3克、甘草5克、肉桂4克、香叶4片、盐2茶匙、鸡精1茶匙、细砂糖1茶匙

B 陈年绍兴酒200毫升、汾酒200毫升

做法

1 准备一锅冷水，将牛腱放入，与冷水一起煮开，再煮约2小时后，捞起放凉备用。

2 另将鸡高汤煮沸后，将葱、姜拍破，放入锅中，用小火煮。

3 将丁香、甘草、肉桂、香叶、花椒及盐、鸡精、细砂糖一起放入做法2锅中，待煮开后即关火放凉。

4 锅中加入陈年绍兴酒。

5 加入汾酒，一起拌均匀后，再放入煮好的牛腱，放入冷藏冰上一天，使之入味。

6 待食用时，将腌入味的牛腱取出，切薄片后蘸姜醋汁食用即可。

姜醋汁

材料：

白醋…………2大匙

姜末……………10克

细砂糖………1茶匙

做法：

将所有材料一起搅拌均匀后即成蘸汁，将肉片蘸食即可。

Tips.料理小秘诀

此道料理食材选择的是牛腱，所以肉质具有弹性，而且腌渍过后切了片的牛肉会呈现挑逗味蕾的粉红光泽。

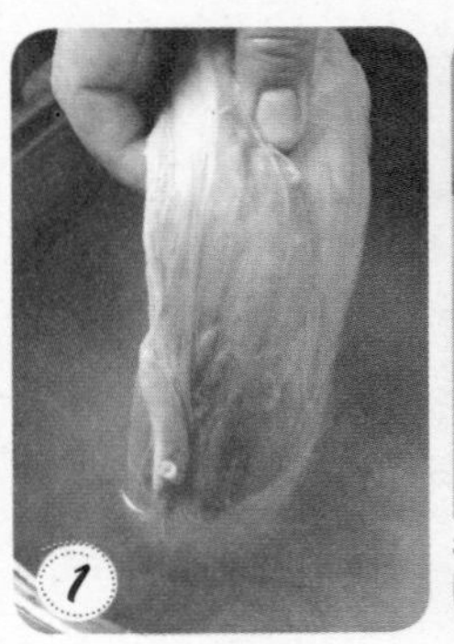

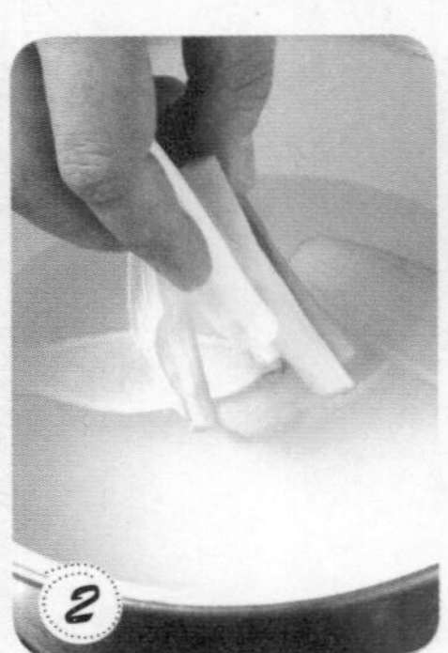

342 酸辣拌牛肉

材料

牛肉片········ 120克
蒜末··············· 20克
红辣椒末········ 20克
洋葱丝············ 50克
去皮番茄块······ 60克
薄荷叶··········· 5片

调味料

酱油············ 2大匙
柠檬汁········· 2茶匙
细砂糖········· 1大匙

做法

1 将牛肉片放入沸水中汆烫约30秒，捞出沥干水分；薄荷叶洗净撕碎，备用。
2 将酱油、柠檬汁及细砂糖放入碗中混合后，再加入蒜末、红辣椒末、洋葱丝和去皮番茄块拌匀。
3 加入薄荷叶碎与牛肉片一起拌匀即可。

Tips.料理小秘诀

肉片若买回来没有马上食用，就得用对方法保存才能延续美味。记得肉片不要叠放，以两片为限，目的是使肉片能完全接触到冷空气，且最好放在冰箱中温度最低的地方，当然最多不要超过3天，以确保新鲜。

343 泰式酸辣拌肉片

材料

牛肉薄片……100克
菠菜……1棵
洋葱……1/2颗
红辣椒……1个
香菜……1根

装饰

番茄……1个

调味料

鱼露……50毫升
白醋……25毫升
香油……20毫升
辣油……适量
糖……10克
水……60毫升
姜末……10克
新鲜柠檬汁……10毫升

做法

1 将所有调味料混合均匀即成淋酱，备用。
2 牛肉薄片放入沸水中涮几下即捞起沥干备用。
3 菠菜洗净切段，放入沸水中汆烫至熟，捞起沥干；洋葱去膜切丝，以冷水冲去辛辣味；红辣椒洗净切丝；装饰的番茄洗净切片，备用。
4 将牛肉薄片、菠菜段、洋葱丝、红辣椒丝与香菜拌匀。
5 将番茄片先铺底，摆上做法4的材料，淋上淋酱即可。

344 凉拌沙朗

材料

沙朗牛排 …… 2片
青木瓜 …… 200克
洋葱 ……… 1/4颗

调味料

山葵芥茉 1/4茶匙
辣椒粉 … 1/4茶匙
柠檬汁 …… 1茶匙
鱼露 ……… 1茶匙
橄榄油 …… 1大匙
糖 …………… 少许

做法

1 将沙朗牛肉撒少许盐，以小火煎，每面各煎3分钟，至八分熟，切成厚5毫米的薄片备用。
2 青木瓜去皮切细丝，放少许盐（分量外）腌10分钟，再放入盆中让流水冲15分钟，洗净沥干备用。
3 洋葱切成细丝，洗净备用。
4 将牛肉片、青木瓜丝、洋葱丝与所有调味料混拌均匀即可。

345 椒麻牛肚

材料

卤牛肚 …… 500克
芹菜 ………… 3根
葱白 ……… 40克
花椒 ………… 10克

调味料

食用油……… 30毫升
盐……………1/2茶匙

做法

1 卤牛肚切丝备用；芹菜梗切段烫熟备用。
2 用食品料理机将葱的葱白部分与花椒绞碎。
3 把油倒入锅中，以小火烧2分钟至略冒出油烟，再倒入做法2的材料混合均匀即为椒香油。
4 将牛肚丝、芹菜段与椒香油混合均匀，再加入调味料拌匀即可。

备注：卤牛肚做法见P225。

346 粉蒸牛肉

材料

牛肉…………300克
干荷叶…………1张
蒸肉粉………100克
食用油………20毫升

调味料

辣豆瓣酱……1茶匙
酒酿…………1茶匙
糖………………1/4匙
盐……………1/2茶匙
姜末……………10克
蒜末……………10克

做法

1 牛肉切成薄片；荷叶以冷水浸泡30分钟备用。
2 将牛肉片加入调味料拌匀，腌约20分钟，再拌入蒸肉粉、食用油。
3 将做法2的材料以荷叶包住放进蒸笼，以大火蒸约12分钟即可。

347 虾酱蒸牛肉

材料

牛肉薄片…… 200克
芥蓝菜………… 2棵
姜丝…………… 适量
淀粉…………… 适量
色拉油………… 少许

腌料

A 盐 ………… 少许
胡椒粉……… 少许
B 虾膏……… 15克
热水……… 50毫升
糖…………… 5克

做法

1 牛肉薄片切成5厘米长的段，撒上腌料A，再沾上薄薄的淀粉，放入大碗中备用。
2 芥蓝菜切段后，放入加了盐（分量外）的沸水中烫至翠绿，再捞起沥干盛盘备用。
3 虾膏切小块，与糖及热水一起混合均匀成虾酱，放入做法1的大碗中，用手将牛肉薄片与虾酱抓匀入味备用。
4 将牛肉薄片放在一个新的盘子上，再与适量姜丝、色拉油拌匀，放入蒸锅中以中火蒸约20分钟。
5 取出牛肉薄片，放在芥蓝菜上，再放上少许姜丝装饰即可。

348 蒸牛肉卷

* 材料 *

牛肉泥……… 300克
绿竹笋……… 100克
鲜香菇………… 3朵
香桩…………… 少许
鸡蛋…………… 4颗

* 调味料 *

A 盐 ………1/2茶匙
糖…………… 少许
淀粉………1/2茶匙
B 鸡精………1/2茶匙
盐…………1/4茶匙
淀粉………1/2茶匙
水………… 50毫升

* 做法 *

1 将鸡蛋打散，加入少许淀粉与一点点水（分量外）混匀，煎成蛋皮，切成13毫米见方的片备用。
2 将绿竹笋、香菇洗净，切成细粒，并和牛肉泥、香桩、调味料A混合均匀做成馅料。
3 蛋皮内包入馅料，卷成卷，放入蒸笼，以小火蒸6分钟取出。
4 将调味料B混合均匀倒入锅中，以小火煮开制成芡汁，淋在牛肉卷上即可。

349 韩式烤牛肉

* 材料 *

A 肥牛肉片 200克
蒜头………… 3颗
水梨………… 50克
红葱头……… 20克
B 生菜叶……… 10片
小黄瓜……… 2条
蒜片………… 10片
白芝麻……… 适量

* 调味料 *

味醂………… 2大匙
酱油………… 1茶匙
韩式辣椒酱… 1茶匙
米酒………… 1大匙
糖…………… 1大匙

* 做法 *

1 将蒜头、水梨、红葱头加入所有调味料，用果汁机打成泥，再放入肥牛肉片，腌渍一夜（约8小时），备用。
2 生菜叶洗净、沥干；小黄瓜洗净切条，备用。
3 热锅，放入少许油，将牛肉片煎熟，撒上白芝麻。
4 食用时取生菜叶，包裹小黄瓜条、蒜片、牛肉片，一起食用即可。

350 蒜味牛小排

材料

牛小排……… 600克
蒜片………… 200克
青椒片………… 30克
黄椒片………… 30克
红椒片………… 30克

调味料

米酒………… 1大匙
蚝油………… 100克
鸡精…………1/4小匙
水淀粉………… 少许

做法

1 将蒜片放入油温约170℃的油锅中，以中火炸至表面呈金黄色后捞起，与米酒一起放入果汁机中打成泥备用。
2 将牛小排放入油温约180℃的油锅中炸约1分钟，捞起沥油备用。
3 热一小匙油，放入牛小排、蚝油、鸡精与蒜泥拌炒约2分钟，再加入青椒片、黄椒片、红椒片，快速拌炒至均匀入味。
4 起锅前用水淀粉勾薄芡即可。

351 葱烤金针菇牛肉卷

材料

火锅牛肉片…… 8片
金针菇…………1/2把
葱……………… 2根
竹签…………… 4支

调味料

市售烤肉酱…… 适量

做法

1 金针菇洗净去头，拨开分4份；葱洗净切段，分4份，备用。
2 取2片火锅牛肉片，铺上1份金针菇及葱段卷起，依序做成4卷，用竹签固定成2串牛肉卷备用。
3 烤箱预热至250℃，将牛肉卷放入烤架上，先烤5分钟后拉出烤架，在肉卷上刷上烤肉酱，再放入烤箱烤约5分钟。
4 拉出烤架，将牛肉卷翻面，再刷上烤肉酱，放入烤箱烤约5分钟。
5 待牛肉卷烤熟，撒上少许熟白芝麻粒（分量外）装盘即可。

羊肉类料理篇

炒炸卤煮蒸烤

带着特有腥膻味的羊肉，
有着一股让人又爱又怕的魔力，
不过冬季进补，
或制作异国烧烤料理时，
可少不了它，
其实只要用对方法，
搭配多样调味料，
羊肉料理也能美味又可口。

羊肉去腥方式

1.涮羊皮去腥方式

【材料】

羊肉600克

【做法】

1 取一锅，用大火将锅烧热1~2分钟，将羊肉放入(羊皮面朝下)，用锅铲用力压羊肉至羊肉皮金黄焦黑即可取出。

2 将羊肉用冷水浸泡约10分钟，取出沥干备用。

3 用刀面刮掉羊肉的焦黑部分即可。

2.炒香油去腥方式

【材料】

切块羊肉600克、胡香油50毫升、老姜75克

【做法】

1 将老姜切片备用。

2 取一锅，开中火，放入姜片及胡香油爆香，约炒2分钟至姜片焦黑。

3 将切块的羊肉放入锅中将羊肉翻炒至5分熟，捞起即可。

3.炸羊肉去腥方式

【材料】

切块羊肉…… 600克

色拉油…… 300毫升

【做法】

取一锅，倒入300毫升色拉油，开中火烧至油温约160℃时，将切块羊肉放入，过油1分钟，捞起并沥干油脂即可。

4.汆烫羊肉去腥方式

【材料】

切块羊肉…… 600克

水………… 300毫升

料理米酒……25毫升

【做法】

取一锅，加入300毫升的水及切块羊肉，等水沸后加入米酒，煮约1分钟，熄火捞起即可。

352 沙茶羊肉空心菜

材料

火锅羊肉片…　150克
空心菜………　100克
姜丝……………　少许
红辣椒丝………　少许
蒜末…………1/2茶匙

腌料

酱油…………　1茶匙
淀粉…………　1茶匙
沙茶酱………　1茶匙

调味料

盐……………1/2茶匙
沙茶酱………　2茶匙

做法

1 在羊肉片中加入所有腌料、抓匀，备用。
2 空心菜洗净沥干、切段，备用。
3 热锅，加入适量色拉油，放入羊肉片，以大火快炒至肉色变白后盛出，备用。
4 锅中放入姜丝、红辣椒丝、蒜末爆香，再放入空心菜段，以大火快炒约30秒，续继加入羊肉片及所有调味料，快炒均匀即可。

Tips.料理小秘诀

购买盒装火锅羊肉片会比较省钱，只是盒装火锅羊肉片切得比较薄，要注意烹调时间勿过久，以避免口感老涩。

353 菠菜炒羊肉

材料

羊肉片………　150克
菠菜…………　150克
姜丝……………　10克

调味料

盐……………1/4茶匙

腌料

A 米酒　……　1茶匙
　酱油………　1茶匙
　糖…………1/2茶匙
　淀粉………　1茶匙
B 色拉油……　2茶匙

做法

1 菠菜洗净、切5厘米长的段，沥干，备用。
2 在羊肉片中加入腌料A拌匀，再加入色拉油拌匀，备用。
3 热锅，加入1大匙色拉油润锅，放入羊肉片，以大火炒至肉色变白后盛出，备用。
4 锅中放入姜丝与菠菜，以中火炒至软，再放入羊肉片及盐，以大火快炒均匀即可。

354 羊肉炒青辣椒

* 材料 *

火锅羊肉片…… 1盒
青辣椒……… 150克
红辣椒………… 1个
豆豉………… 1小匙
蒜头…………… 2颗

* 腌料 *

酱油…………… 少许
米酒………… 1小匙
淀粉………… 1小匙

* 调味料 *

盐……………… 少许
糖……………1/2小匙
鸡高汤……… 2大匙
（做法见P11）
米酒………… 1大匙
香油…………… 适量

* 做法 *

1 在羊肉片中加入所有腌料抓匀，略腌备用。
2 豆豉洗净泡水；蒜头切碎；青辣洗净椒切段、红辣椒洗净切片，备用。
3 热锅，加入1大匙油烧热，放入豆豉、蒜片爆香后，再放入羊肉片炒开，加入青辣椒段、红辣椒片和除香油外的调味料，以大火炒至羊肉全熟，最后淋上香油即可。

355 辣炒羊肉片

* 材料 *

薄羊肉片…… 200克
菠菜………… 150克
红辣椒………… 1个
蒜末…………… 10克
姜末…………… 10克

* 调味料 *

A 沙茶酱 …… 15克
B 米酒……… 10毫升
酱油……… 10毫升
糖…………… 5克
辣豆瓣酱…… 5克

* 腌料 *

米酒…………… 少许
胡椒粉………… 少许

* 做法 *

1 薄羊肉片与腌料拌匀；菠菜洗净，切适当长的段；红辣椒洗净切丝；将调味料B混合均匀，备用。
2 热锅，倒入适量色拉油，放入薄羊肉片略拌炒至散，盛起备用。
3 另热一锅，倒入适量色拉油，放入沙茶酱、蒜末、姜末及红辣椒丝炒香，再放入菠菜段、混合好的调味料B快炒均匀。
4 锅中再加入薄羊肉片拌炒入味即可。

356 三杯羊肉

* 材料 *

羊肉片……… 200克
罗勒…………… 30克
蒜头…………… 10颗
红辣椒………… 2个
去皮老姜……… 50克
胡香油……… 2大匙
淀粉………… 1茶匙

* 调味料 *

米酒………… 3大匙
酱油膏……… 2大匙
糖…………… 1大匙

* 做法 *

1 羊肉片用淀粉抓匀，备用。
2 老姜切片；蒜头稍切去两端；罗勒摘去老梗、洗净；红辣椒洗净切段，备用。
3 热锅，放入胡香油、姜片、蒜头，以小火炒至呈金黄色后盛出，备用。
4 锅中放入羊肉片，以大火炒至肉色变白后盛出，备用。
5 锅中加入所有调味料及姜片、蒜头，以小火炒至汤汁浓稠后，放入羊肉片、红辣椒段、罗勒，以大火快速炒匀即可。

357 红糟羊肉

材料

羊肉块……… 600克
姜片……………… 40克
红糟酱………… 60克
菠菜叶………… 适量
水……………… 50毫升
黑香油……… 2大匙

调味料

米酒………… 2大匙
细砂糖……… 1小匙

做法

1 羊肉块洗净，沥干备用。
2 将羊肉块放入沸水中迅速汆烫一下，捞起备用。
3 取锅烧热，放入2大匙黑香油，再放入姜片爆香。
4 放入羊肉块炒3分钟，加入红糟酱和所有调味料拌炒。
5 加入水煮至滚沸，倒入电锅内锅中，外锅加2杯水，待开关跳起，焖5分钟后，外锅再加2杯水，煮至开关跳起，再拌入汆烫好的菠菜叶即可。

Tips.料理小秘诀

羊肉性温，补中益气，自古就被认为是温补的良品。多吃羊肉可改善虚劳寒冷，再添加天然的红糟酱，抗氧化抗疲劳，非常符合现代人的养生理念。

358 香油姜丝炒羊肉

材料

羊肉片……… 200克
老姜丝………… 30克
黑木耳丝……… 20克
胡香油……… 2大匙

调味料

A 酱油 …… 1茶匙
糖…………1/2茶匙
淀粉……… 1茶匙
B 米酒……… 3大匙
盐…………1/8茶匙

做法

1 将羊肉片加入调味料A中拌匀，备用。
2 热锅，加入胡香油润锅，放入老姜丝，以小火炸至呈金黄色，再放入羊肉片，以大火炒至肉色变白，接着加入调味料B及黑木耳丝，炒约2分钟至均匀入味即可。

359 沙茶炒羊肉

材料

羊肉片300克、洋葱丁30克、青椒丁30克、红甜椒丁10克、沙茶酱1大匙、鸡高汤80毫升（做法见P11）、金针菇100克

腌料

蔬菜汁2大匙（做法见P10）、米酒1茶匙、盐1/4茶匙、酱油1/4茶匙、细砂糖1/4茶匙、小苏打粉1/4茶匙、淀粉1.5茶匙、沙茶酱1/2茶匙

调味料

蚝油1茶匙、酱油1茶匙、细砂糖1/4茶匙、水淀粉1茶匙

做法

1 在羊肉片中加入所有腌料搅拌数十下，静置30分钟备用。
2 将羊肉片放入油温约120℃的热油中，过油捞起沥干。
3 锅内放入少许油，放入洋葱丁、金针菇、沙茶酱、鸡高汤及所有调味料（水淀粉先不加入）以大火快炒。
4 炒至汤汁收干后，放入青椒丁、红甜椒丁略炒，最后加入水淀粉勾芡即可。

360 苦瓜羊肉片

材料

羊肉片……… 120克
苦瓜…………… 80克
蒜头…………… 20克
红辣椒………… 20克

调味料

盐……………1/2小匙
糖……………1/2小匙
米酒………… 1大匙
酱油………… 1小匙
香油………… 1大匙
白胡椒粉……1/2小匙

做法

1 苦瓜去籽，去内部白膜后切片汆烫；蒜头、红辣椒洗净切片，备用。
2 热锅，倒入适量的油，放入蒜头、红辣椒片爆香。
3 放入苦瓜、羊肉片及所有调味料炒匀即可。

Tips.料理小秘诀

肉片放入温油中稍微过油至表面变色，这样再炒肉质会更鲜嫩不容易变老，鲜味也会保留在肉中。

许多人不爱吃苦瓜就是因为苦瓜带有很重的苦味，而苦味最重的部位正是苦瓜内部的籽与白膜，因此在料理时要记得将籽与白膜去除干净，这样吃起来就不会那么苦了。

361 羊肉酸菜炒粉丝

材料

羊肉片……… 150克
酸白菜………… 80克
粉条…………… 1把
姜末…………1/2茶匙
淀粉………… 1茶匙

调味料

盐……………1/2茶匙
糖……………1/4茶匙
水………… 300毫升

做法

1 酸白菜洗净切丝；粉条泡水至软、切小段，备用。
2 在羊肉片中加入淀粉拌匀，备用。
3 热锅，加入2茶匙色拉油润锅，放入羊肉片，以大火炒至肉色变白后盛出，备用。
4 锅中放入姜末、酸白菜，以小火炒约2分钟，再放入羊肉片、粉条、所有调味料，以小火焖煮约5分钟即可。

362 金针菇炒羊肉

材料

羊肉片……… 120克
金针菇………… 30克
红甜椒………… 20克
青椒…………… 20克
姜……………… 20克

调味料

盐…………… 1小匙
糖……………1/2小匙
米酒………… 1大匙
香油………… 1大匙

做法

1 金针菇洗净，分切成小把；红甜椒、青椒、姜洗净切丝，备用。
2 热锅，倒入适量油，放入姜丝爆香，再放入红甜椒丝、青椒丝炒匀。
3 加入金针菇、羊肉片及所有调味料炒熟即可。

Tips.料理小秘诀

金针菇在分切的时候别完全切散开，最好分切成适当的小把，以免过度分散，炒起来整盘看起来会很零乱，食用时每一口都只有零散的几条金针菇，口感也会不好。

363 番茄炒羊肉

材料

羊肉片……… 150克
番茄…………… 1颗
洋葱…………… 30克
四季豆………… 5根
姜末…………1/2茶匙
淀粉………… 1茶匙

调味料

A 盐 ………1/2茶匙
糖………… 1茶匙
蚝油……… 2茶匙
番茄酱…… 2茶匙
水……………1/2碗
B 水淀粉……… 适量

做法

1 番茄洗净切块；洋葱洗净切片；四季豆洗净摘除老梗，切段备用。
2 在羊肉中加入淀粉拌匀，备用。
3 热锅，加入2茶匙色拉油润锅，放入羊肉片，以大火炒至肉色变白后盛出，备用。
4 锅中放入姜末、番茄块、洋葱片炒匀，再加入调味料A、羊肉、四季豆，以中火炒约2分钟，起锅前加水淀粉勾芡拌匀即可。

364 芹菜炒羊排

* 材料 *

羊排……………… 3根
芹菜……………… 2根
胡萝卜………… 20克
洋葱……………1/2颗
蒜头……………… 2颗
红辣椒………… 1个

* 调味料 *

盐……………… 1小匙
酱油…………… 1大匙
糖……………… 1小匙
黑胡椒粗粉… 1小匙

* 腌料 *

芹菜……………… 10克
胡萝卜………… 10克
洋葱……………1/3颗
水………… 600毫升

* 做法 *

1 将腌料中的芹菜、胡萝卜和洋葱都切小块备用，再将羊排放入腌料中腌约20分钟。
2 将材料中的芹菜洗净切片；胡萝卜和洋葱都洗净切丝；蒜头和红辣椒洗净切片备用。
3 先将羊排煎过，再将做法2的蔬菜加入一起翻炒。
4 加入所有的调味料一起拌匀即可。

Tips.料理小秘诀

羊排平常在烹煮过程中都会变很老，所以餐厅一般会放少许嫩肉粉让羊排的肉质软化，其实只要放入芹菜、胡萝卜和洋葱段，稍微腌30分钟，也同样可以达到让羊排肉质变软嫩的效果。

365 塔香羊肉

材料

火锅羊肉片…… 1盒
葱………………… 2根
姜………………… 2片
蒜头……………… 2颗
红辣椒…………… 1个
罗勒……………… 1把
色拉油……… 1大匙

腌料

米酒………… 1小匙
酱油………… 1小匙
淀粉………… 1小匙

调味料

蚝油………… 1大匙
酱油………… 1大匙
糖…………… 1小匙
米酒………… 1大匙
乌醋………… 1小匙

做法

1 羊肉片用所有腌料拌匀腌约5分钟备用。
2 葱、姜、蒜头分别洗净切末；红辣椒洗净切片；将所有调味料混合均匀备用。
3 热锅，倒入适量油烧热，放入葱末、姜末、蒜末、红辣椒片爆香后，加入羊肉片炒散，再加入混合调味汁炒匀，最后放入罗勒快炒数下即可。

366 香煎羊小排

材料

羊小排……… 300克
生菜…………… 2片

调味料

黑胡椒酱…… 1大匙
蒜末………… 1小匙

腌料

米酒………… 3大匙

做法

1 将调味料混合均匀，入锅略炒，即成蒜味黑胡椒酱备用。
2 羊小排中加入米酒腌10分钟；生菜洗净，铺于盘底，备用。
3 取锅烧热后倒入2大匙油，将腌羊小排下锅煎熟捞起，放入生菜盘中，均匀淋上蒜味黑胡椒酱即可。

Tips.料理小秘诀

羊排腥膻味较重，最好先用米酒腌一下，这样可以有效去除异味。

367 宫保羊排

材料

羊小排………… 5根
洋葱末……… 150克
干辣椒末……… 10克
花椒…………… 10粒
蒜花生碎……… 50克
姜末…………… 25克
蒜末…………… 25克
色拉油……… 30毫升

调味料

A 酱油 …… 1茶匙
糖…………1/4茶匙
绍兴酒…… 1大匙
淀粉……… 1茶匙
鸡蛋…………1/2个
B 酱油……… 1茶匙
味精………1/4茶匙
糖…………1/2茶匙
白醋………1/2茶匙
水淀粉……1/4茶匙

做法

1 羊小排去除多余油脂，加入调味料A腌渍约1小时。
2 热锅，倒入色拉油烧热，转中火放入羊小排，两面煎熟后置盘中备用。
3 锅里留余油，转小火，放入干辣椒末、花椒、洋葱末，转中火快炒约30分钟后加入姜末、蒜末一起炒匀爆香。
4 将调味料B（水淀粉先不加入）加入锅内拌匀，倒入水淀粉芡薄欠，再起锅淋于羊小排上，最后撒上蒜花生碎即可。

368 三羊开泰

辛香料

火锅羊肉片…　250克
口蘑……………80克
洋葱……………1/3颗
胡萝卜…………20克
蒜头……………　1个
葱………………　1根

腌料

米酒…………　1小匙
盐……………　少许
淀粉…………　1小匙

调味料

酱油…………　1大匙
米酒…………　1大匙
乌醋…………　1小匙
香油…………　适量

做法

1 羊肉片用所有腌料腌约10分钟后，放入热油锅中过油、捞起备用。
2 洋葱、胡萝卜去皮洗净、切片；口蘑洗净切片，与胡萝卜片一起放入沸水中汆烫；蒜切片、葱洗净切段备用。
3 热锅，倒入2大匙油烧热，放入蒜片、洋葱片爆香，再放入口蘑片略炒，然后加入羊肉片、胡萝卜片和香油除外的调味料拌炒均匀，最后淋上香油即可。

369 炸羊肉卷

材料

火锅羊肉片……　1盒
洋葱……………1/3颗
胡萝卜…………　1根
青椒……………1/2个
锡箔纸…………　1张

调味料

A 酱油　……　1大匙
　沙茶酱……　1小匙
　米酒………　1小匙
　糖…………1/2小匙
　香油………… 适量
B 盐…………… 适量
　胡椒粉……… 适量

做法

1 将锡箔纸剪成四方形小张备用。
2 羊肉片切条，加入调味料A拌匀备用。
3 洋葱、胡萝卜、青椒洗净切条，与调味料B一起略拌匀备用。
4 在锡箔纸上抹上少许香油（分量外），取适量做法2、做法3的材料铺在上面，然后卷起锡箔纸，卷成糖果状。
5 热一油锅，放入羊肉卷用170℃的油温以中火炸3分钟至熟即可。

370 韭黄羊肚丝

材料

羊肚………… 300克
老姜…………… 75克
葱……………… 2根
韭黄………… 120克
红辣椒………… 1个
蒜头…………… 3颗
竹笋…………… 75克
香菜…………… 少许
色拉油……… 20毫升

调味料

A 酱油 …… 1小匙
镇江醋……1/2小匙
米酒……… 1大匙
B 酱油……… 1小匙
镇江醋……1/2小匙
米酒……… 1大匙
糖…………1/2小匙
C 水淀粉 … 1小匙
香油……… 1小匙

做法

1 羊肚洗净；老姜洗净切片；葱洗净切小段备用。
2 韭黄切成3厘米长的段；红辣椒洗净切细丝；蒜头切细末；竹笋洗净、切细丝备用。
3 将羊肚、姜片及葱段放入1000毫升沸水中煮约1小时使羊肚熟软取出，再以冷水浸泡约2分钟后，取出并切成丝备用。
4 取一锅，将锅烧热，加入羊肚丝及调味料A炒香备用。
5 另起一锅，将锅烧热，倒入20毫升色拉油，待油温热后加入做法2的所有材料炒香，再加入调味料B及羊肚丝，开大火翻炒均匀后加入水淀粉勾芡，最后再加入香油及香菜即可。

371 咖喱羊肉

材料

火锅羊肉片…… 1盒
洋葱……………1/2颗
蒜头…………… 2颗
红辣椒………… 1个
玉米笋…………60克
西蓝花…………60克

腌料

酱油…………… 少许
米酒………… 1小匙
淀粉…………… 少许

调味料

咖喱粉……… 1大匙
郁金香粉……… 少许
盐……………1/2小匙
糖……………1/3小匙
水………………1/2杯
酱油…………… 少许

做法

1 在羊肉片中加入所有腌料抓匀，略腌备用。
2 洋葱去皮洗净切块；蒜头、红辣椒洗净切末；玉米笋、西蓝花洗净，放入沸水中汆烫熟备用。
3 热锅，加入1大匙油烧热，先放入蒜末、洋葱块、红辣椒末爆香，再加入咖喱粉、郁金香粉炒香，继续放入羊肉片炒散，再加入其余调味料煮开，最后加入玉米笋及西蓝花拌炒均匀即可。

372 红烧羊肉炉

* 药材 *

甘草5克、陈皮10克、丁香5克、罗汉果1/2个、花椒10克、八角5克、香叶5片

* 材料 *

羊腩肉600克、白萝卜1/2个、胡萝卜1/2个、葱2根、老姜75克、红辣椒3个、蒜头8颗、甘蔗头120克、香菜少许、水600毫升

* 调味料 *

胡香油1大匙、酱油1大匙、米酒1大匙、黄豆酱1小匙、黑豆酱1小匙、冰糖1大匙

* 做法 *

1 白萝卜及胡萝卜洗净去皮切小块；葱洗净切10厘米长的小段；老姜洗净切片；红辣椒洗净切片，备用。
2 将羊腩肉洗净沥干，剁成小块状备用。
3 取锅，放入60毫升色拉油，将油温烧热至约120℃，加入羊腩肉炸约2分钟后捞起沥油备用。
4 另起一锅，烧热后倒入10毫升色拉油，加入蒜头及葱段、姜片、红辣椒片爆香，再加入所有药材及调味料略为翻炒，再依序加入羊腩肉、胡萝卜、白萝卜翻炒1分钟后，加入水及甘蔗头，将锅盖盖住，开小火焖煮约1.5小时至羊腩肉质变软，最后撒上香菜即可。

Tips.料理小秘诀

加甘蔗头主要的作用是去除羊肉的腥味，但不一定只能用甘蔗头的部位，甘蔗的其他部位都可以。建议使用甘蔗头是因为较便宜，甚至卖甘蔗的水果商都可以免费赠送，所以要制作多人份羊肉炉的话，选用甘蔗头就可以了。

373 清炖羊肉炉

药材

当归…………… 10克
枸杞子………… 5克
淮山…………… 10克
甘草…………… 5克

材料

羊肉………… 600克
老姜…………… 40克
葱……………… 2根
蒜头…………… 7颗
鸡高汤…… 300毫升
（做法见P11）
芹菜末………… 少许

调味料

盐…………… 1小匙
糖……………1/2小匙
米酒………… 1大匙

做法

1 老姜洗净切小片；葱洗净切碎末备用。
2 羊肉洗净剁成小块状，放入滚水中汆烫2~3分钟即可取出备用。
3 将所有的药材、调味料、姜片、葱末、羊肉及其他的材料放入蒸锅中，用大火蒸约1.5小时，上桌前撒上少许芹菜末装饰即可。

374 山药香油羊肉

药材

枸杞子………… 15克
当归…………… 5克

调味料

盐…………… 1小匙
糖……………1/2小匙
米酒…………… 1瓶

材料

羊肉………… 600克
山药………… 400克
老姜………… 120克
胡香油……… 2大匙
水………… 350毫升

做法

1 羊肉洗净剁小块；山药去皮洗净切小块；老姜洗净切片备用。
2 取锅烧热，倒入胡香油后，再加入羊肉、山药、姜片和所有调味料、药材及350毫升水，煮至水滚且羊肉熟软即可。

375 十全大补羊肉炉

药材

当归	5克
枸杞子	5克
淮山	5克
熟地	5克
人参须	5克
杜仲	5克
川芎	5克
金线莲	10克
红枣	10克

材料

羊腩肉	600克
老姜	75克
葱	2根
色拉油	10毫升
水	600毫升

调味料

盐	1小匙
糖	1/2小匙
米酒	5大匙
黄豆瓣酱	2大匙

做法

1 老姜洗净切小片；葱洗净切小段备用。
2 羊腩洗净剁成小块，放入滚水中汆烫2~3分钟即可，取出备用。
3 取锅烧热后，倒入10毫升色拉油，加入葱段和姜片爆香，再加入600毫升水及所有药材、调味料、羊腩，先用大火焖煮至水滚后，再转小火慢炖1小时即可。

Tips.料理小秘诀

所谓的“十全”并不是真的硬性规定药材一定要达到10种才可以，其实它的意思是象征药材或材料的丰富，至于所放入的药材可多出10种或少于10种，但最好是以自己的体质或个人的口味为基准!

376 番茄羊肉炉

* 药材 *

八角2粒

* 材料 *

羊肉300克、老姜40克、葱1根、菠菜40克、番茄1个、胡萝卜120克、白萝卜120克、蒜头5颗、冻豆腐2块、水800毫升、色拉油20毫升

* 调味料 *

盐1小匙、糖1/2小匙、米酒1大匙、番茄酱1大匙

* 做法 *

1 老姜洗净切片；葱洗净切小段；菠菜洗净切5厘米长的段；番茄洗净切小块；胡萝卜、白萝卜去皮洗净切小块备用。
2 羊肉洗净剁小块状，放入滚水中汆烫2~3分钟后，捞出备用。
3 取锅烧热，倒入20毫升色拉油，加入姜片、葱段和蒜头、八角爆香，再加入800毫升水及番茄、胡萝卜、白萝卜、羊肉、所有的调味料，开大火等水煮滚后，再转小火焖煮1小时，再加入冻豆腐及菠菜约煮5分钟后熄火即可。

377 羊肉羹

* 材料 *

A 羊腿瘦肉150克、蛋液2大匙
B 金针菇30克、胡萝卜丝10克、白菜丝50克、黑木耳丝15克

* 调味料 *

A 盐1/2茶匙、酱油1/2茶匙、糖1茶匙、胡椒粉1/4茶匙、红葱酥1/2茶匙、五香粉1/8茶匙、地瓜粉3大匙、蛋液1大匙
B 盐1/2茶匙、鸡精1/2茶匙
C 水淀粉1大匙

* 做法 *

1 将羊腿瘦肉洗净切条状，加入调味料A拌匀，并不断搅拌摔打至有黏性，即为生羊肉羹，备用。
2 将所有材料B放入滚水中汆烫，再捞起沥干，备用。
3 煮一锅水至约90℃，放入生羊肉羹，以小火煮约4分钟后捞出，备用。
4 保留原锅中的水约350毫升，加入做法2的材料及调味料B煮匀，再以水淀粉勾芡后淋上蛋液，起锅前放入羊肉羹即可（食用时可另加入罗勒增味）。

378 烤羊肉串

材料

羊火锅肉片…… 1盒

调味料

A 酱油 ……1/2小匙
米酒……… 1小匙
盐…………… 少许
糖…………1/2小匙
B 孜然粉……… 少许
辣椒粉……… 少许

做法

1 羊火锅肉片加入所有调味料A拌匀，腌约5分钟后，用竹签串起备用。
2 将羊肉串放入预热过烤箱中，以180℃烤约5分钟至熟。
3 将烤熟的羊肉串取出，撒上孜然粉、辣椒粉调味即可。

Tips.料理小秘诀

孜然是茴香的一种，是一种常用的调味香料，可以到菜市场或食材专卖店购买，或是在较大型的超市也可以买得到。

379 羊肉铝箔纸烧

材料

薄羊肉片…… 200克
洋葱（小）……1/2颗
葱……………… 2根
香菜…………… 2根
蒜末…………… 5克
姜末…………… 5克

调味料

香油………… 15毫升
酱油…………25毫升
白醋………… 15毫升
米酒………… 15毫升
糖……………… 6克
盐……………… 少许
胡椒粉………… 少许

做法

1 洋葱去膜洗净切丝；葱、香菜洗净切段，备用。
2 所有调味料加上蒜末、姜末混合均匀，放入羊肉片腌约20分钟备用。
3 取2张长约30厘米的铝箔纸，重叠成十字形，在表面涂上薄薄的色拉油，再放上做法1的材料与羊肉片。
4 将铝箔纸包好放入已预热10分钟的烤箱中，以200℃烤约20分钟即可。

Tips.料理小秘诀

铝烧要烧烤出美味，包铝箔纸的方式很重要，包好的铝箔可以让所有的食材、汤汁在加热过后仍留存在包好的空间中持续入味，让食材的鲜美保留得相当完美，这才是铝烧料理的精髓。

1 选用铝箔纸，将亮面朝上。

2 通常1~2人份的材料，铝箔纸裁成30~40厘米长即可，两张铝箔放成十字形。

3 在最上面一张铝箔纸的中间部分抹上油脂类（色拉油或奶油），再放上食材即可准备包铝箔纸。

4 将底下那张铝箔纸突出的两侧抓起，两侧对合。

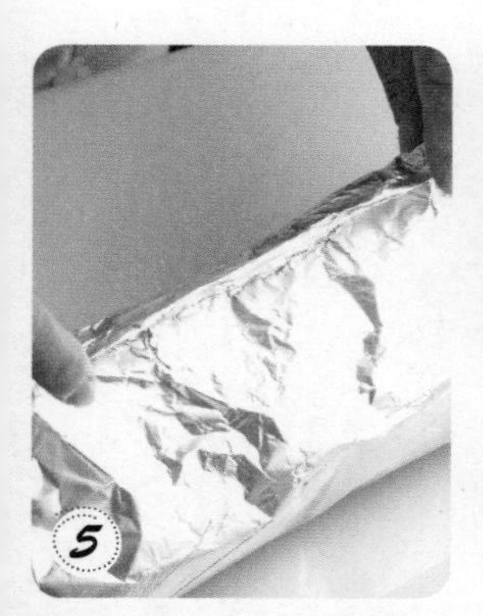
5 然后往内折数次至接近食材的顶端，略留点空隙。

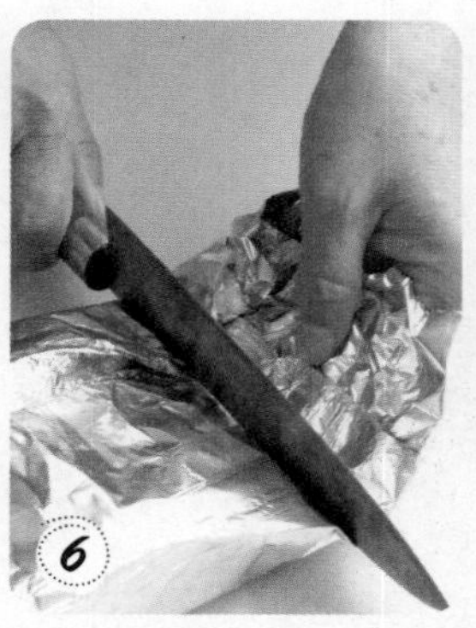
6 剩下的两侧，以刀背测量出食材的位置，略留点空隙即可以刀背压出折线。

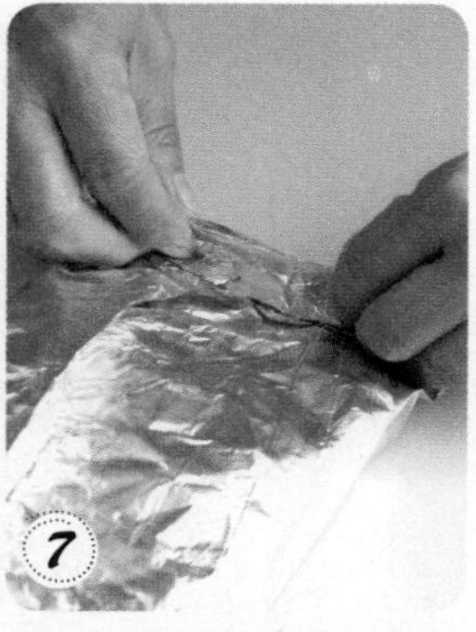
7 两侧往内折，折至刀背压线处即可。

鸭肉类料理篇

炒炸卤煮

一般人较少在家中制作鸭肉料理，
除了冬天常吃的姜母鸭、酸菜鸭外，
其实鸭肉也很适合料理成卤味、盐水鸭、酱鸭等，
也许过程较繁复和困难，
但却可为平日的餐桌，
增添些许新菜色和新鲜感。

鸭肉料理的美味秘诀

以料理方式的不同，选择不同种类的鸭

鸭的种类大体上可分白毛的菜鸭及黑毛或花毛的土番鸭。以制作姜母鸭为例，最好使用土番鸭较为正统。土番鸭又称红面番鸭，在鸭禽类中生命力较强，肉呈鲜红，亦是禽类中效果较好的食补品。如果是制作一般烧腊料理的烤鸭或咸水鸭，选择菜鸭即可，另外制作烧酒鸭也可以选择菜鸭，腥味不会很重。

鸭翅的卤味口感极佳

鸡翅和鸭翅虽然同样是翅膀的部位，都具有肉少、胶质高的特性，但吃起来的口感却大不相同。鸡翅的脂肪含量较高，所以口感细嫩，而鸭翅除了外观较大外，更因含有较多且较粗的肌肉纤维，Q度与嚼劲都比鸡翅更高。

适合制作卤味的肉类食材

较着名的冰镇卤味以取自鸡和鸭的不同部位为最多，鸭心、鸭翅、鸭掌、鸭舌、鸭肠、鸡爪、鸡翅、鸡胗数不胜数。因为鸡和鸭的体形小，脚与翅膀部位的骨头、肉质和胶质比例不但最适合卤，也很方便食用，皮薄且没有厚厚的脂肪层，吃起来既爽口又清凉，被一层冻汁封住后，外皮入口即化，连骨髓都散发出浓郁的香味。

以鸡、鸭的内脏作为材料的卤味，因为胶质含量不那么高，所以无法做到入口即化的地步，但因内脏的肉质特别结实，所以在口感上有较大的特色，如鸭肠的爽脆、鸡胗的脆韧，吃起来感觉都特别香。

制作卤味食材前处理

步骤1 清洗

现在的肉贩大多会把材料处理得很好，不太需要自己动手拔毛或刮洗等麻烦的工序了，但是毕竟还是会沾染上血污或灰尘，所以还是需要将食材彻底地清洗干净并多冲几次水。

步骤2 汆烫

汆烫除了将材料稍微烫熟之外，最大的作用在于将存在于内部洗不掉的脏污和杂味，再进一步地去掉，烫过之后别忘记要再冲洗干净

步骤3 泡凉

为了让口感Q软，汆烫洗净之后要马上浸泡在冷水里，快速的冷却可以维持肉质的弹性，充分冷却后才能吸收较多的卤汁，让卤味多汁又入味。

姜母鸭对味蘸酱

姜母鸭也有特别搭配的酱料，而且随着蘸酱的不同，入口的口感和味道也有所不同，让你在享受热腾腾的姜母鸭的同时，也会为那可口的蘸酱美味所感动。

1 辣噌酱

[材料]

粗味噌……………1大匙
辣椒酱……………1大匙
酱油………………1大匙
陈醋………………1大匙
米酒………………1大匙
蒜末………………1大匙
糖…………………2大匙
香油………………2大匙

[做法]

将所有材料混合拌匀即可。

2 腐乳辣酱

[材料]

辣豆腐乳…………2大匙
细味噌……………1大匙
辣豆瓣酱…………1大匙
米酒………………2大匙
糖…………………2大匙
香油………………1小匙

[做法]

将所有材料混合拌匀即可。

3 豆瓣酱

[材料]

黄豆酱……………1大匙
粗味噌……………1大匙
辣豆瓣酱…………1大匙
糖…………………2大匙
米酒………………1大匙
胡香油……………1大匙

[做法]

将所有的材料混合拌匀即可。

食补知多少

冷飕飕的寒风迎面吹拂而来，但只要想起浓郁的药炖香，一股暖意就直上心头。在满足口腹欲望的同时，有些吃药膳食补须注意的地方还是得先了解喔！

◎酱料热量不可小觑

酱料是热量的重要来源之一，人们吃药膳锅常搭配的佐料多半含有沙茶酱、酱油、辣椒油、醋、蒜末、葱、辣椒甚至蛋黄等。这些配料中，沙茶酱、辣椒油及蛋黄含有高量的油脂及热量。如：2茶匙的沙茶酱与辣椒油的热量大约分别是72千卡及90千卡，所以喜欢重口味的人，光是从酱料中就会摄取到相当高的热量。

◎有些汤都会加米酒

米酒可以带动药材的效能，这就是为什么一般滋补暖身的汤品里都有加入米酒的原因。如果你不太喜欢浓郁酒气的汤头，在家烹煮时可让加了米酒的汤煮久一点，让米酒的酒精挥发完全，这样喝汤时，酒味就不会这么重了。

◎什么是姜母

姜是一种辛香材料，大致可分为姜母和嫩姜。姜母又称老姜，有祛风寒、活血化淤的功能，并能调理油性、干燥、没有弹性的肤质，让肌肤健康有活力。正统的姜母鸭是由红面番鸭加上老姜下去炒香的锅底为原料，所以姜母鸭指的是老姜（又称姜母）。

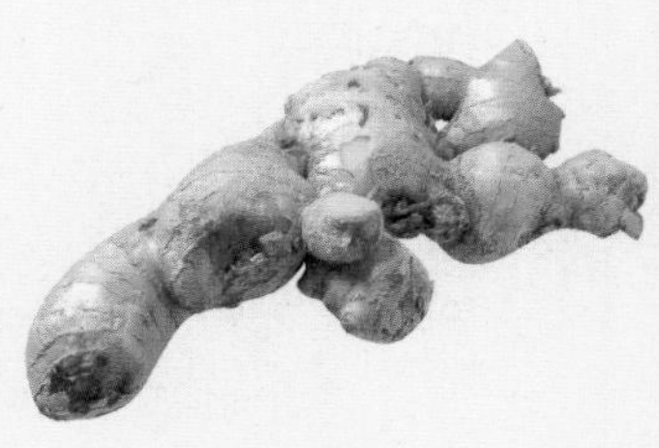

380 香油鸭血

* 材料 *

鸭血………… 50毫升
长糯米……… 120克
老姜……………… 75克
葱……………… 1根
香菜…………… 少许
鸡高汤…… 800毫升
（做法见P11）
香油………… 50毫升

* 调味料 *

米酒………… 3大匙
盐…………… 1小匙
鸡精………… 1大匙

* 做法 *

1 老姜洗净切小片，葱洗净切细末备用。
2 将长糯米泡入冷水中约4小时至软，洗净沥干备用。
3 取一铁盘，加入长糯米与鸭血充分拌匀，放入蒸笼蒸约1小时取出待凉，并切小块备用。
4 另取锅烧热，倒入50毫升香油，加入姜片及葱末爆香，再加入800毫升鸡高汤与做法3的米血，开中火煮10分钟后，再加上所有的调味料略煮，最后放上香菜即可。

381 香油下水

* 材料 *

枸杞子………… 5克

* 调味料 *

米酒………… 3大匙
鸡精………… 1大匙
盐…………… 1小匙

* 材料 *

鸭胗…………… 75克
鸭心…………… 75克
鸭肝…………… 75克
鸭肠…………… 75克
姜片…………… 5片
香油………… 50毫升
鸡高汤……1200毫升
（做法见P11）

* 做法 *

1 将鸭心洗净对切成半；鸭肠、鸭肝洗净切小块；鸭胗切片，放入滚水中汆烫1~2分钟，再用冷水清洗待凉备用。
2 取锅烧热，加入50毫升香油及姜片爆香，再加入1200毫升鸡高汤及做法1所有的鸭内脏，开中火煮约10分钟，再放入所有的调味料略煮即可。

Tips.料理小秘诀

“下水”二字指的是鸭的内脏，但并不限定于鸭心、鸭肠、鸭肝及鸭胗而已，其实只要是属于内脏部位都可以用来制作香油下水。

382 炒鸭胗

材料

鸭胗………… 150克
韭菜花……… 300克
红辣椒………… 1个
蒜头…………… 3颗
色拉油……… 2大匙

调味料

鸡精………… 1大匙
盐…………… 1小匙
米酒………… 3大匙

做法

1 鸭胗洗净切片；韭菜花洗净切4厘米长的段；红辣椒洗净切小片；蒜头去皮切片备用。
2 将鸭胗放入滚水中汆烫1~2分钟，取出待凉备用。
3 取锅烧热，倒入2大匙色拉油，油温热后，加入红辣椒片及蒜头片爆香，再加入韭菜花及鸭胗炒约30秒，再放入所有的调味料略为拌炒即可。

383 芹菜炒鸭肠

材料

鸭肠………… 300克
咸菜丝………… 40克
芹菜…………… 75克
胡萝卜………… 75克
红辣椒………… 1个
葱……………… 1根
蒜头…………… 2颗
色拉油……… 2大匙

调味料

盐…………… 1小匙
鸡精………… 1小匙
糖…………… 1小匙
胡椒粉……… 1小匙
米酒…………… 少许

做法

1 胡萝卜洗净去皮切丝；红辣椒洗净切片；葱切去皮细末；蒜头切片备用。
2 将鸭肠洗净切5厘米长的段，放入滚水中汆烫1~2分钟，取出待凉备用。
3 取锅烧热，倒入2大匙色拉油，油温热后，加入红辣椒片、蒜头片及葱末爆香，再加入胡萝卜丝及咸菜丝炒约30秒，再放入鸭肠和所有的调味料略为拌炒10秒，即可熄火起锅。

384 鸭血麻婆豆腐

材料

花椒…………1/4茶匙
葱………………… 1根
盒装豆腐……… 1盒
鸭血…………… 1块
姜末…………… 5克
蒜末…………… 5克
猪肉泥………… 40克

调味料

辣椒酱……… 1大匙
豆瓣酱……… 1茶匙
鸡高汤…… 150毫升
（做法见P11）
酱油………… 1大匙
细砂糖………1/2茶匙
水淀粉……… 1大匙
香油………… 1茶匙

做法

1 热锅后开最小火，将花椒下锅炒至香气溢出且外观干燥即可捞起，趁热用研钵研磨成粉状备用。
2 葱洗净后切成葱花备用。
3 豆腐洗净切小块；鸭血洗净切菱形块，放入滚水中汆烫约10秒后，捞起沥干水分备用。
4 热锅，倒入2大匙色拉油，再放入姜末、蒜末以小火爆香后，加入猪肉泥炒散，再放入辣椒酱及豆瓣酱以小火拌炒约1分钟，至肉泥变色且微焦即可。
5 加入鸡高汤、酱油及细砂糖续煮，并将豆腐和鸭血倒入锅中，以中火煮至滚沸后转小火续煮约1分钟，再将水淀粉倒入勾芡后，起锅前淋入香油，再加入葱花和花椒粉即可。

Tips.料理小秘诀

花椒原产地在四川的丘陵地区，其味辛性温，具有温中散寒、止痛除湿及杀虫的效果。在料理上则多用于去除鱼、肉类腥味，肉类腌渍或增加一般食物的辛香味等，最常被用于麻辣火锅、麻婆豆腐及五更肠旺等辣味料理中。

385 蒜香炒鸭赏

材料

鸭赏………… 100克
蒜苗…………… 30克
蒜头（切末）… 3颗
红辣椒（切片） 1个

调味料

糖……………1/2小匙
米酒………… 1大匙
水…………… 30毫升
香油………… 1小匙

做法

1 鸭赏洗净切片；蒜苗洗净切段，备用。
2 热锅，加入适量色拉油，放入蒜末、红辣椒片炒香，再加入鸭赏、蒜苗及所有调味料快炒均匀至软即可。

386 香酥鸭

材料

米鸭……………1/2只
姜……………… 4片
葱段…………… 2根
米酒………… 3大匙
椒盐………… 适量

调味料

盐…………… 1大匙
八角…………… 4颗
花椒………… 1茶匙
五香粉………1/2茶匙
细砂糖……… 1茶匙
鸡精…………1/2茶匙

做法

1 将米鸭洗净擦干备用。
2 将盐放入锅中炒热后，关火加入其余调味料材料拌匀。
3 将做法2的调味料趁热涂抹在鸭身上，静置30分钟，再淋上米酒，放入姜片、葱段蒸2小时后，取出沥干放凉。
4 将鸭肉放入油温约为180℃的油锅内，炸至金黄后捞出沥干，最后去骨切块，蘸椒盐食用即可。

Tips.料理小秘诀

香酥鸭要好吃，除了要炸得香酥，鸭不蘸调味料本身就有味道，这样才是上品。秘诀在于先用干锅炒盐和花椒为主的调味料，炒香后抹在鸭身上，再料理味道更香。

387 卤鸭翅

材料

鸭翅…………… 10只
米酒………… 30毫升
焦糖卤汁……… 适量

做法

1 鸭翅拔毛洗净备用。
2 取一锅，加入约六分满的水煮至滚沸后，放入鸭翅。
3 待水再次滚沸时，捞起鸭翅放入冷水中清洗干净。
4 将焦糖卤汁及米酒倒入锅中煮滚，放入鸭翅煮至卤汁再次滚沸（卤汁的分量要能完全腌盖过鸭翅），改转小火卤50分钟后关火捞起。
5 待鸭翅冷却后，加入少许放凉的卤汁，再放入冰箱冷藏即可。

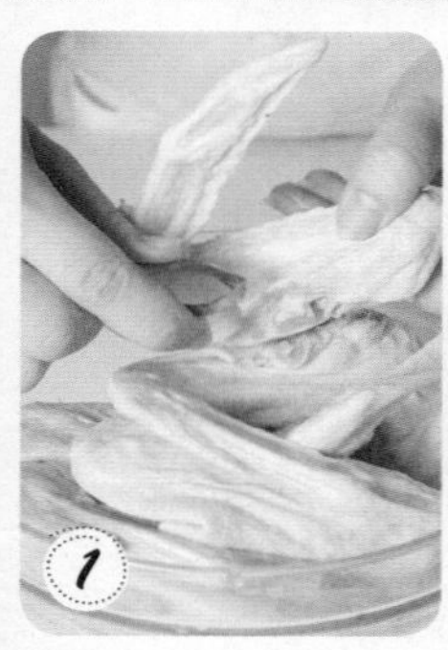

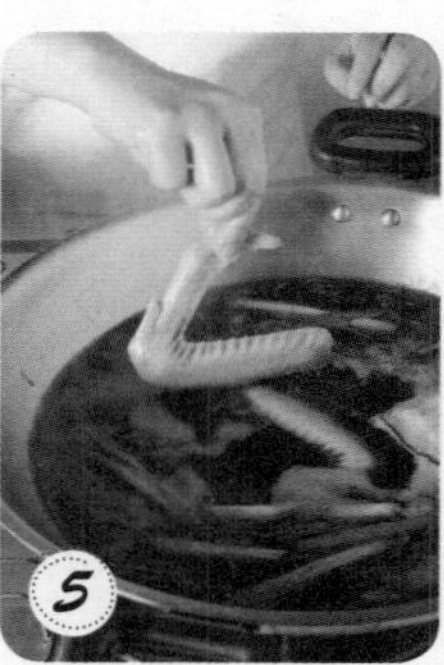

焦糖卤汁

香料：
草果2克、桂皮15克、八角5克、小茴3克、甘草5克、白蔻3克、花椒粒4克

辛香料：
葱2根、姜15克、蒜头30克

焦糖液：
冰糖100克、黑糖100克、热水200毫升

卤汁：
酱油250毫升、冰糖100克、盐20克、水1500毫升

炒糖色做法：

1 取一炒锅，冷锅加入少许色拉油（材料外）。
2 放入焦糖液中的冰糖和黑糖拌均匀（炒糖色时，除了加入冰糖外，另外加入黑糖可以更增添卤汁的香气）。
3 开小火加热融糖，加热至略冒泡泡（因黑糖容易焦，所以要略拌炒一下）。
4 先关火，加入热水后再开火，并拌匀糖液倒出备用。
5 葱洗净切段；姜洗净拍扁；蒜头去膜拍扁备用。另取一炒锅，加入少许色拉油（材料外），爆香葱段、姜块和蒜头至略焦黄。
6 接着先加入酱油炒香。
7 续加入冰糖、盐和水。
8 接着倒入做法4的焦糖液煮至滚沸。
9 香料稍微冲水沥干，放入卤包袋中备用。
10 将卤包放入锅中煮至滚沸，改转小火煮约15分钟，让香料释放出香味即为焦糖卤汁。

388 烟熏鸭翅

* 材料 *

鸭翅…………… 10只
冰镇卤汁… 3000毫升
铝箔纸1张（20×20厘米）

* 调味料 *

白砂糖………… 50克
红茶末………… 5克
香油………… 1大匙

* 做法 *

1 鸭翅洗净，放入滚水中汆烫约1分钟捞出，再次冲凉后沥干备用。
2 冰镇卤汁倒入锅中以大火煮滚，放入鸭翅，以小火续滚约8分钟，熄火加盖浸泡约20分钟后取出沥干。
3 取锅铺上铝箔纸，撒上白砂糖及红茶末拌匀，放上铁网架并于其上放好鸭翅，盖上锅盖，以中火加热至锅边冒烟时，改小火续焖约5分钟后熄火，再闷约2分钟后开盖取出鸭翅。
4 将鸭翅均匀刷上香油，放凉后放入保鲜盒中盖好，放入冰箱冷藏至冰凉即可。

冰镇卤汁

卤包材料：
草果2颗、豆蔻2颗、沙姜10克、小茴香3克、花椒4克、甘草5克、八角5克、丁香2克

卤汁材料：
葱2根、姜50克、蒜头40克、水3000毫升、酱油800毫升、白砂糖200克、米酒50毫升

做法：
1 葱洗净，切段后以刀拍扁；姜洗净并去皮，切片后拍扁；蒜头洗净，去皮后拍扁备用。
2 将草果及豆蔻拍碎后，与其他卤包材料一起放入卤包袋中包好。
3 热锅，倒入3大匙色拉油烧热，放入做法1的材料以小火爆香，再加入其他卤汁材料与卤包以大火煮至滚沸，改小火续滚约10分钟至香味散发出来即可。

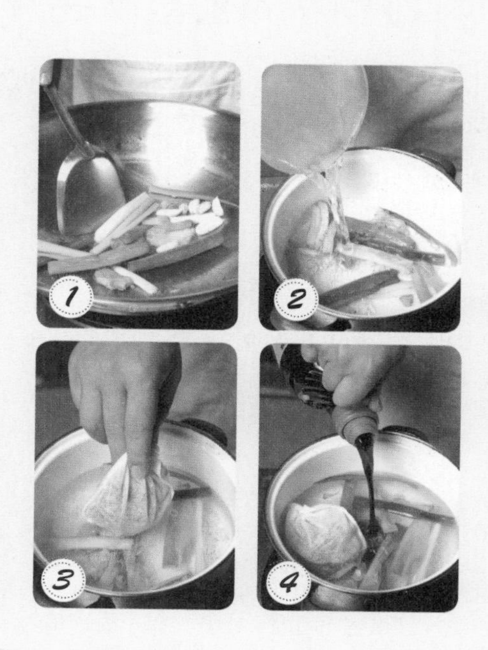

389 鸭掌冻

材料

鸭掌…………… 10只
冰镇卤汁…2000毫升
（做法见P285）

调味料

香油………… 1大匙

做法

1 鸭掌洗净，放入滚水中汆烫约1分钟后捞出，再次冲凉沥干，剪去趾甲并刮除掌心的黄色粗膜。
2 冰镇卤汁倒入锅中以大火煮滚，放入鸭掌，以小火续滚约30分钟，熄火加盖浸泡约20分钟，捞出均匀刷上香油，放凉后放入保鲜盒中，盖好放入冰箱冷藏至冰凉即可。

390 烟熏鸭舌

材料

鸭舌…………… 20个
冰镇卤汁…2000毫升
（做法见P285）
铝箔纸………… 1张
（20×20厘米）

调味料

白砂糖………… 50克
红茶末………… 5克
香油………… 1大匙

做法

1 鸭舌洗净，放入滚水中汆烫约1分钟去除血水，捞出再次冲凉后沥干。
2 取一深锅，倒入冰镇卤汁以大火煮至滚沸，再放入鸭舌以小火续滚约3分钟，熄火，加盖浸泡约20分钟后取出沥干。
3 取锅铺上铝箔纸，撒上白砂糖及红茶末拌匀，放上铁网架，于其上放好鸭舌，盖上锅盖，以中火加热至锅边冒烟时，转小火续焖约5分钟后熄火，再闷约2分钟即开盖取出鸭舌。
4 将熏好的鸭舌均匀刷上香油，放凉后，装入保鲜盒中盖好，放入冰箱冷藏至冰凉即可。

391 卤鸭心

材料

鸭心…………… 30个
冰镇卤汁…2000毫升
（做法见P285）

调味料

香油………… 1大匙

做法

1 鸭心洗净，放入滚水中汆烫约1分钟捞出，再次冲凉后沥干。
2 冰镇卤汁倒入锅中大火煮至滚沸，放入鸭心，以小火续滚约5分钟，熄火加盖浸泡约15分钟至入味，捞出均匀刷上香油，放凉后放入保鲜盒中，盖好放入冰箱冷藏至冰凉即可。

392 卤脆肠

材料

脆肠………… 500克
白醋…………… 1杯
冰镇卤汁…2000毫升
（做法见P285）

调味料

香油………… 1大匙

做法

1 脆肠放入盆中，以白醋搓洗至摸起来无黏滑感时，以流动的清水冲洗干净，再放入滚水中汆烫约1分钟，捞出再次冲凉后沥干。
2 取一深锅，倒入冰镇卤汁以大火煮至滚沸，再放入脆肠以小火续滚约5分钟，熄火加盖浸泡约15分钟，捞出均匀拌上香油，放凉后放入保鲜盒中盖好，放入冰箱冷藏至冰凉即可。

393 姜母鸭

药材

当归……………… 10克
川芎……………… 5克
熟地……………… 1片
人参………………1/2把
青芪……………… 5克
桂皮……………… 10克

调味料

香菇精……… 1大匙
盐……………… 1小匙
冰糖………… 1小匙

材料

土番鸭………… 1只（约900克）
圆白菜……… 150克
金针菇……… 150克
米血糕……… 120克
豆皮……………… 5个
老姜………… 300克
米酒…………… 1瓶
水…………3000毫升
香油……… 500毫升

Tips.料理小秘诀

对于属于燥热的体质的人来说，食用姜母鸭可能会太过强烈，因此建议准备冰凉的绿豆汁或薏米茶，这样比较不会上火。

做法

1 圆白菜洗净切小块；金针菇洗净沥干；米血糕切均等小块；老姜洗净切片备用。
2 土番鸭剁小块，放入滚水汆烫2~3分钟去杂质血水，再用冷水清洗残渣备用。
3 取锅烧热，倒入500毫升香油，加入姜片炒至金黄色，再加入鸭肉炒至鸭皮略呈卷缩状，再倒入1瓶米酒（在倒入米酒时，建议先熄火才安全）及3000毫升水和所有药材、调味料，开中火煮约45分钟，再加入圆白菜、金针菇、米血糕及豆皮略滚5分钟即可熄火。

394 烧酒鸭

药材

当归…………… 5克
青芪…………… 5克
枸杞子………… 5克
白芍…………… 5克
杜仲…………… 5克
玉竹…………… 5克

材料

菜鸭1只（约900克）
烧酒……… 500毫升
棉布袋（卤包袋）1个
水…………3000毫升
香菜…………… 少许

做法

1 将所有药材放入棉布袋中，并用棉绳将袋口捆紧备用。
2 菜鸭剁小块，放入滚水汆烫2~3分钟去杂质血水，再用冷水清洗残渣备用。
3 取一深锅，倒入3000毫升水，加入中药包、鸭肉块及2瓶烧酒，盖上锅盖开中火煮约45分钟后熄火取出，最后再放上香菜即可。

Tips.料理小秘诀

制作烧酒鸭可选择菜鸭，这样腥味不会太重喔！

395 当归鸭

药材

当归…………… 10克
川芎…………… 10克
熟地…………… 1片
枸杞子………… 5克
桂枝…………… 5克
八角…………… 3粒

材料

土番鸭………… 1只（约900克）
米酒…………… 1瓶
姜……………… 5片
水…………4000毫升

调味料

鸡精………… 1小匙

做法

1 土番鸭剁小块，放入滚水汆烫2~3分钟去杂质血水，再用冷水清洗残渣备用。
2 取一深锅，倒入4000毫升水，加入所有药材、米酒和姜片，盖紧锅盖开小火煮30分钟，待药材的药汁充分煮出后熄火备用。
3 将鸭肉块放入药汤中，开小火煮约1小时后熄火，最后再放入鸡精调味即可。

Tips.料理小秘诀

因为当归鸭中有加入中药材桂枝，所以有身孕的女士建议不要食用。

396 药膳鸭

药材

何首乌………… 5克
熟地………… 0.6克
当归…………… 5克
枸杞子……… 0.6克
川芎…………1.2克
杜仲…………… 1克
人参须………… 5克
淮山…………… 1克
红枣…………… 5颗

材料

土番鸭………… 1只（约900克）
姜……………… 5片
水…………2000毫升

做法

1 土番鸭剁小块，放入滚水汆烫2~3分钟去杂质血水，再用冷水清洗残渣备用。
2 取一深锅，倒入2000毫升水，加入鸭肉块及所有中药材和姜片，盖上锅盖开中火约煮1小时熄火即可。

Tips.料理小秘诀

食用药膳鸭时，建议不要和海鲜、李子和柿子同时使用，避免发生物性相克的后果。

397 咸菜鸭

材料

土番鸭………… 1只（约900克）
客家咸菜…… 250克
冬菜干………… 40克
米酒……………1/2瓶
姜………………… 5片
水…………1800毫升

调味料

盐…………… 1大匙
鸡精………… 2大匙

做法

1 土番鸭剁小块，放入滚水汆烫2~3分钟去杂质血水，再用冷水清洗残渣备用。
2 客家咸菜用冷水洗净沥干，剁成5厘米长的小段备用。
3 取一深锅，倒入1800毫升水，加入鸭肉块及咸菜和冬菜干、米酒、姜片，盖紧锅盖开中火煮约45分钟，最后再加入所有调味料即可。

Tips.料理小秘诀

咸菜鸭最好使用客家咸菜来烹煮，味道比较甘醇且不会很咸；另外这里所谓的冬菜干有两种，一种是大白菜腌制，另一种是小白菜腌制，但现在在台湾看到的冬菜干多半属于前者，而后者在市面上较少见到。

398 啤酒鸭

材料

鸭1/2只、啤酒350毫升、干辣椒10个、蒜末1茶匙、姜条10克、花椒粒1茶匙、草果2颗、桂皮1块、葱段2大匙、香菜20克、水500毫升

调味料

盐1茶匙、酱油1大匙、糖1茶匙

做法

1 鸭肉剁块，入滚水中汆烫约30秒，再捞出洗净沥干，备用。
2 干辣椒洗净剪小段，泡水约10分钟后沥干；草果洗净拍破，备用。
3 锅烧热放入色拉油，再放入鸭肉块，加入蒜末、干辣椒段以小火炒约3分钟，再加入啤酒、水、花椒粒、草果、桂皮，开大火煮滚后转小火煮至汤汁收少，续加入所有调味料再煮约5分钟，最后挑出花椒粒、草果、桂皮，放入葱段、香菜即可。

399 豆酱姜丝鸭杂锅

材料

鸭肉	300克
鸭胗	2个
鸭肠	100克
鸭血	1块
嫩姜丝	100克

调味料

水	800毫升
黄豆酱	4大匙
盐	1/4大匙
味精	1/4茶匙
细砂糖	1茶匙
米酒	50毫升

做法

1 将鸭肉剁小块；鸭胗以划十字的方式切花；鸭肠切成小段；鸭血洗净切小块，一起倒入滚水中汆烫约20秒后，捞起冲水洗净，沥干备用。
2 取一锅，放入嫩姜丝后再将做法1的材料放入，并加入所有调味料，放至炉上开火煮滚后，转小火煮约20分钟至熟即可。

400 盐水鸭

材料

鸭……………1/2只
姜丝……………30克

调味料

盐……………3大匙
花椒粉………1/4茶匙
市售海鲜酱…3大匙

做法

1 盐和花椒粉拌匀备用。
2 鸭洗净后沥干，将花椒盐均匀抹遍鸭身，用塑料袋包好后放入冰箱冷藏腌渍一天。
3 取出鸭，洗去鸭身上的花椒盐，将鸭放入蒸笼中蒸约30分钟后取出放凉，蒸鸭时流出的汤汁先留着备用。
4 放凉后的鸭先剁小块盛盘，再将蒸鸭留下的汤汁淋至鸭肉上，放上姜丝，食用时可蘸市售海鲜酱搭配。

401 醉鸭

材料

鸭……………1只（1200克）
当归……………8克
葱……………2根
姜……………20克

调味料

A 鸡高汤…200毫升（做法见P11）
盐……………1茶匙
鸡精………1/2茶匙
细糖………1/2茶匙
B 陈年绍兴酒250毫升
五加皮酒…50毫升

做法

1 将鸭洗净，放入蒸笼里蒸45分钟至熟后，拿出来放凉。
2 放凉后去掉骨架，将切下来的鸭肉排放在碗盅中备用。
3 当归洗净切小片，葱洗净切段、姜洗净切片后备用。
4 将当归片、葱段、姜片与所有调味料A一起放入锅中，煮开约1分钟后放凉。
5 将调味料B倒入锅中一起搅拌均匀，再将汤汁倒入碗盅中让肉浸泡，然后放入冰箱冷藏一晚，即可取出切片食用。

402 冰糖酱鸭

* 材料 *

A 草果1颗、八角8克、甘草10克、陈皮10克、花椒5克、香叶3克
B 鸭1/2只

* 调味料 *

葱段3根、姜片20克、红辣椒2个、水1000毫升、酱油200毫升、冰糖140克、绍兴酒50毫升

* 做法 *

1 取锅，加入约六分满的水煮至滚沸后，放入鸭烫过后，捞起洗净沥干备用。
2 另取锅，加入4大匙油烧热（分量外），将葱段、姜片和红辣椒放入爆香至略焦黄。
3 再加入水、酱油和冰糖略拌煮后。
4 最后再加入绍兴酒煮至滚沸。
5 将材料A用棉布包包成卤包，放入锅中煮至再次滚沸。
6 加入鸭煮滚后，改转小火并持续煮滚，且要不时翻动鸭身使其受热均匀，另外还要不时将汤汁淋在鸭身上，外观才会均匀上色。
7 持续煮至汤汁略蒸发收干至浓稠状时，将汤汁再次均匀淋在鸭身上，略煮一下即可捞起放凉。
8 待鸭凉后，即可切片盛盘。

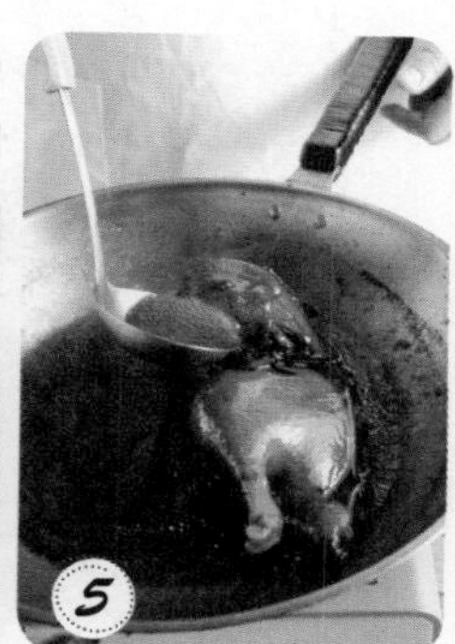

图书在版编目（CIP）数据

就是爱吃肉 / 杨桃美食编辑部主编．-- 南京：江苏凤凰科学技术出版社，2016.12

（含章·好食尚系列）

ISBN 978-7-5537-4594-7

Ⅰ．①就… Ⅱ．①杨… Ⅲ．①家常菜肴－荤菜－菜谱 Ⅳ．① TS972.125

中国版本图书馆 CIP 数据核字 (2015) 第 108151 号

就是爱吃肉

主　　编　杨桃美食编辑部
责任编辑　张远文　葛　昀
责任监制　曹叶平　方　晨

出版发行　凤凰出版传媒股份有限公司
　　　　　江苏凤凰科学技术出版社
出版社地址　南京市湖南路 1 号 A 楼，邮编：210009
出版社网址　http://www.pspress.cn
经　　销　凤凰出版传媒股份有限公司
印　　刷　北京富达印务有限公司

开　　本　787mm × 1092mm　1/16
印　　张　18.5
字　　数　240 000
版　　次　2016年12月第1版
印　　次　2016年12月第1次印刷

标准书号　ISBN 978-7-5537-4594-7
定　　价　45.00元